私たちの生活を
ガラッ
と変えた

# 物理学の10の日

Ten Days in Physics That Shook the World
How Physicists Transformed Everyday Life
by Brian Clegg

ブライアン・クレッグ
東郷えりか 訳

# 私たちの生活をガラッと変えた
# 物理学の10の日

ジリアン、チェルシー、レベッカに

『私たちの生活をガラッと変えた物理学の10の日』目次

〈凡例〉

• 本書は、Brian Clegg による著書 *Ten Days in Physics that Shook the World: How Physicists Transformed Everyday Life*（Icon Books, 2021）の全訳である。
• 本文中の（　）と〔　〕は著者による補足を、〔　〕内の記述は翻訳者による補足を示す。

# 序文

物理学は、私たちがこの世界の仕組みを理解することの中心をなしている。しかし、それ以上に、物理学が経てきた主要な突破口と、物理にもとづいた工学が、私たちの住む世界を様変わりさせてきた。本書では、特定の突破口がどのように開けたのかを、決め手となった日を10の章に分けて歴史をさかのぼって訪ねることで、それぞれの突破口にかかわった人びとに会い、それらが私たちの暮らしにどんな影響をおよぼしてきたかを見てゆく。

科学史家のあいだでは、類《たぐ》いまれな貢献をした個々の人を天才と見なす考えを批判することが流行っている。本書で明らかにするように、10の日に選んだ人びとの貢献も皆、先人の研究のうえに築かれていたと間違いなく言うことができる。しかし、最も近年の3度の突破口にいたるまでは、近代の世界を実現させた変化を引き起こすうえで、特定の個人が関与していたことは疑いない。

21世紀の物理学では、往々にして重大な突破口は大きなチームの研究によって開かれている。CERN《セルン》

素粒子研究所や、アメリカの重力波の実験所ＬＩＧＯ《ライゴ》で行なわれている研究では、何百どころか何千もの人びとがかかわり、貢献することもある。それでも歴史のなかでは、単なる歯車の歯にとどまらない貢献を個々の研究者がはたしていた時代もあった。これらの人びとは、たとえその研究の多くを同時代の思想家たちがつくりあげた広いキャンバスに依拠していたとしても、仲間内からは抜きんでた存在だった。多くの科学者が特定の理論や実験のために力を合わせている今日ですら、発見につながるうえで一握りの人が中枢となった鍵となる瞬間がある。

　物理学の歴史をたどる本書の旅の初めの何日かは、根底にある科学にたいする基本的な理解が進んだことと関連している。のちの章では、物理にもとづいた工学によって、物理の知識を利用する新しい方法が発明されてきた過程に光を当てた。１９５０年代以降、宇宙の理解を変えた新たな進展が理論物理学に見られなかったというわけではないが、近年のそのような進歩は、私たちの暮らしにさほど直接的な影響を与えることはなかった。たとえば、ブラックホールやヒッグス粒子は魅力的だが、実際的な応用方法がない。本書では、現代の世界をつくった物理学とその応用からは逸脱しないことにする。

　まずは１６８７年にさかのぼって、アイザック・ニュートンの優れた書『自然哲学の数学的諸原理《プリンキピア》』が刊行されたときから始める。この本は、ラテン語で書かれているだけでなく、その文体ゆえに、今日では専門家による手解きがなければ読めないも同然だが、『プリンキピア』はそれでも自然科学の力を大きく前進させた事例となった。一方、今日とは異なる教育課程では、ニュートンが行なった功績は物理学ではなく、数学として見なされていた。それでも、これは科学史におけるきわめて重要な瞬間だった。

　本書の旅の２日目では、ヴィクトリア朝時代が始まる少し前の１８３１年まで時代を進み、マイケル・ファラデーが電磁誘導の論文を発表した日を取りあげる。近年、人工知能（AI）の重要性を誇張しようとして、「AIは電気よりも重要だ」と主張する人びとがいる。電気がなければ人工知能もありえないという不合理はさておき、この主張は電気が現代の暮らしのなかで絶対的な中心を占める現実を見逃している。車や暖房、産業エネルギーの動力として、化石燃料から電気への移行が進むなかで、電気の重要性はさらに高まっている。ファラデーの研究は、まともな応用方法のない娯楽的発明でしかなかったものに、実用的な利用を見いだし弾みをつけたのだ。

3日目には、私たちはファラデーの時代から20年ほど先へ進み、1850年のヴィクトリア朝時代に心新たに入り、そこでさほど有名ではないルドルフ・クラウジウスに会って、熱力学にたいして彼がどのような貢献をしたかを探究する。蒸気機関の理解を深めることで、産業革命をまるで新しいレベルにまで導いたのは熱力学だった。同様に、熱力学は内燃機関から発電所のタービンまで、さまざまな熱機関を可能にしたものであり、現代の暖房、冷蔵庫、エアコンのメカニズムを支えている。いまでは内燃機関への依存は減りつつあるかもしれないが、その他のものは重要でありつづける。熱力学はそのいちばんの根底では、生命そのものの背後にある駆動力なのだ。

それからわずか10年ほどのちの1861年に、4日目としてスコットランドの物理学者ジェームズ・クラーク・マクスウェルを紹介する。ファラデーは電気を利用する手段を与えてくれたが、マクスウェルの研究は可視光をはじめ、数多くのものを与えてくれる電磁スペクトルを理解する端緒を開いた。この発見がラジオ、電子レンジ、テレビ、X線につながっただけでなく、マクスウェルの遺産は、世界各地で30億台以上が普及している携帯電話という、大成功を遂げた技術によっても象徴されている。

5日目には、19世紀末の時代とマリー・キュリーという逸材がもたらした研究を訪ねる。当時は完全に男の世界だった場所で活躍した女性として、キュリーは放射能の研究で優れた功績を残し、X線を利用可能にして医学に大きな便益をもたらした。この主要な日に、キュリーは放射性物質の科学において彼女が成し遂げた最も重要な発見であるラジウムを公表し、どこからともなくエネルギーを生みだせるらしい放射能の研究の方向性を定めた。

放射性エネルギーを生みだす源泉についての説明は、1905年の旅の6日目にもたらされた。この年、執筆された一連の論文の最後の1本が発表され、特許庁の無名の職員だったアルベルト・アインシュタインが世界各地で名前をたたえられる存在になったときのことだ。わずか3ページのこの論文で、アインシュタインは（その数ヵ月前に発表されたばかりの）特殊相対性理論がいかに質量とエネルギーのあいだに切っても切れない関係を生みだしたかを示し、それが史上最も有名な方程式である $E=mc^2$ へとつながった。

7日目には、オランダの物理学者ヘイケ・カメルリング〔カマリン〕・オネスという、多くの人にとって馴染みのない人物に会う。20世紀初頭に研究生活を送っていたカメルリング・オネスは超低温の第一人者で、電気抵抗がなくなる超伝導現象を発見し、この技術は浮上式鉄道〔リニアモーターカーはこの一種〕を実現するのに必要な超強力磁石や、MRIスキャナーを生みだしたほか、粒子加速器のような特殊な用途にも使われるようになった。

超伝導は量子効果であり、8日目には1947年に基礎物理から量子論の応用に、なかでも当時、急速に発展を遂げていた電子工学の分野に視点を移すことにする。この日、ベル研究所のジョン・バーディーンとウォルター・ブラッテンが最初の実用的なトランジスターを組み立てた。すべての人の暮らしを変えることになった装置の初代のものだ。

量子効果は、１９６２年に発光《ライトエミッティング》ダイオード（ＬＥＤ）が発明された背景にもあった。この技術の発展にはじつに多くの段階があったため、歴史上でその発見時期を特定するのがとりわけ難しい。だからこそ、その時代から50年ほどを経た21世紀になってようやく、ＬＥＤは家庭や通りや職場を照らす主要な照明方法になったのである。初期の試みには多くの微妙な違いがあり、ジェームズ・R・ビアードによる選択からゲイリー・ピットマンが突破口を開いたこの日は、候補となる主要な日の一つでしかない。しかし、商業的に採算の取れる最初のＬＥＤが生産されたのちは、この２人がその栄誉に浴するのにふさわしい存在となった。

物理学における歴史的な日の最後である10日目は、１９６９年にコンピューター・ネットワークが最初につながり、それがインターネットになった日を訪ねることにする。ＬＥＤのときと同様に、スティーヴ・クロッカーとヴィント・サーフだけがこのプロジェクトに携わったわけではないが、彼らが決定的な役割を担ったのであり、インターネットの誕生に関連して最もよく知られた人物となっている。この突破口が人類最初の月面着陸と同じ年に開け、ニール・アームストロングが「一人の人間にとっては小さな一歩だが、人類にとっては巨大な飛躍だ」の名言を吐いたのは時宜に適ったことだった。２台の大型コンピューターをつないで離れた場所から接続できるようにするという、実際に小さな一歩に過ぎなかったものは、まず間違いなく現代の決定的な技術の巨大な飛躍と言えるものになった。

私たちはここからどこへ行くのだろうか？　最終章では、将来に11日目となる可能性のある一握りの候補を検討する。これらのいずれかになるにしろ、まるで異なる突破口が開けるにしろ、物理学と物理にもとづく技術には、再び世界を変えるイノベーションを起こす機会がまだたくさんあると、それなりの確信をもって言える。だが、まずは時間をさかのぼって、1687年7月5日、火曜日の、のんびりした時代を訪ねてみよう。

DAY 1

# Tuesday, 5 July 1687

*Isaac Newton – Publication of the* Principia

【1日目】

# 1687年7月5日（火）

## アイザック・ニュートン

――『プリンキピア』の刊行

**ニュートンの略歴**

物理学者、数学者、錬金術師、異端の宗教学者、下院議員、および官僚
功績――ニュートン式反射望遠鏡、光と色の理論、運動法則、万有引力の法則、微分積分学(流率法)

1642年12月25日　イギリスのリンカンシャー州ウールズソープ・マナー生まれ
学歴――ケンブリッジ大学トリニティ・カレッジ
1667～1696年　ケンブリッジ大学トリニティ・カレッジの特別研究員《フェロー》
1672年　王立協会の会員《フェロー》に選出
1689～1690年、1701～1702年　ケンブリッジ大学選出の下院議員
1696～1699年　王立造幣局監事
1699～1725年　王立造幣局長官
1703～1727年　王立協会会長
1705年　アン女王によりナイトに叙される
1727年3月20日　ロンドンのケンジントンの自宅にて84歳で死去

ニュートンの輝かしい業績である『自然哲学の数学的諸原理《プリンキピア》』——一般には言いやすくするために『プリンキピア』の通称で知られる——が刊行されたとき、現代の意味による、数学を利用した物理学が誕生した。ニュートンの運動の3法則と万有引力の法則を盛り込み、微分積分学という新たに必須のものとなった数学的手段を使って展開した『プリンキピア』は、力を運動に結びつける機械的原理を定めたものだ。そこからジェット・エンジンや航空機の翼の働きを裏づける法則が打ち立てられ、天気予報からGPS〔全地球測位システム〕まで、あらゆるものを提供する人工衛星を利用するのに必要な引力の計算方法が与えられた。

一冊の本の刊行はどうすれば世界を変えるものになるのだろうか？ 世界宗教や政治運動の中心には本の出版があるのかもしれない。書物は何百万もの人びとによって読まれ、人びとの暮らしを変える。書物は社会を根底から変える原因となるのだろう。しかし、アイザック・ニュートンの名作は、こうした機能はどれ一つ満たしてはいない。代わりに同書は、比較的わずかな読者を対象に宇宙の理解を変え、それがどんな仕組みになっているのかを説明するものとなった。そして、この本を読んだ人びとが、そこから理解したことで得た便益を、私たちその他の者にまで広げたのである。

興味深いことに、『プリンキピア』には「不朽の名作」リストに常時、挙げられる小説に共通するものがある。マルセル・プルーストの『失われた時を求めて』や、ジェームズ・ジョイスの『ユリシーズ』のような本だ。これらの名作と同様に、『プリンキピア』は素晴しい作品と広く認識されているが、近年ではそれを読めた人はごくわずかにしかいない〔読もうと試みた人ですら多くは挫折している〕。それでも、ラテン語で長々と書かれ、意味不明瞭の幾何学図形がちりばめられたこの大著は、疑いなく、どんな文学の名作よりもはるかに大きな影響をもっていた。

## 1687年という年

きわだって平穏無事な一年だった。ヨーロッパは当時、戦争に明け暮れていたが、1687年は局地的な紛争が数ヵ所で生じていたほかは、ある科学的な出来事にすっかり独占されていた。ニュートンの『プリンキピア』が出版されたのだ。

## 宇宙の新しい見方

これは3年がかりで生みだされた本の物語だ。しかし、この本を完成させるために集められたもろもろの要素の歴史は、2000年ほど時代をさかのぼるものだ。『プリンキピア』の制作につながった最初の不可欠な要素は、動く物体と引力の性質の理解を深めたことだった。2つ目は、一人の傑出した人物〔エドマンド・ハレー、後述〕に関係することである。

古代から17世紀までおおむね考えられてきた運動と引力の物理学は、かなり論理的とはいえ不正確な2つの信念にもとづくものだった。1つ目は、物体を動かしつづけるには、押しつづけなければならないというものだ。これは大半の日常の物体を観察すれば明らかなことだった。台車は押すのをやめるとすぐに動きが遅くなり、やがて停止するだろう。180メートルほどの距離を飛んでくる矢は、至近距離から射られた矢に比べればはるかに少ない衝撃で的に当たるだろう。もちろん、果てしなくつづくような運動の例もあった。空にある惑星と星の運動だ。しかし、これですら、通常は神による干渉の結果として、押される必要のあるものだと考えられていた。

一方、引力に関して言えば、この当時受け入れられていた理論は、物理的元素の本質を取り入れた、驚くほど全体的な宇宙観と結びついたものだった。月の軌道より下に存在するあらゆるものは、土、水、空気（風）、火という四大元素で構成されているのだと考えられていた。これらのうち2つ（土と水）は宇宙の中心に向かう傾向があり、残りの2つは中心から離れる傾向があった。これは四大元素に力が加えられているからではなかった。自然の傾向は、犬が猫を自然に嫌いがちであるのにも似て、その本質の先天的な部分なのだとされた。

土と水が宇宙の中心に向かう傾向が引力《グラヴィティ》であると説明され、空気と火が中心から離れる傾向は軽さ《レヴィティ》なのだとされていた。これはちなみに、宇宙の地球中心説（天動説）の主要な根拠にもなっていた。太陽中心の考え方を受け入れることに抵抗するのは、単なる宗教的な強情さなのだとよく言われる。だが実際には、地球をすべての中心に置くことが当時の物理学を支える基盤だったのであり、これはキリスト教やイスラーム教にも先立つ考えだった。そもそも、地球の自転によって天が動いているという事実は、決して明白なことではない。あとから批判するのはたやすいが、私たちはいまだに地球が同じ場所にとどまっているかのように、太陽が昇り、太陽が沈むと言いつづけている。

このような考え方の背後にあった古代ギリシャの物理学は、中世になるとアラブの学者やヨーロッパの大学の一部によって問題視されるようになったが、慣れ親しんだ古いモデルに固執しつづける人もいた。

しかし、16世紀なかばには、コペルニクスが太陽中心の宇宙〔地動説〕を力強く主張するようになった。地動説は古いモデルを簡素化した。古来の説は、周転円という、天球内の天球のような面倒なものを想定することで、空の惑星の奇妙な動きを説明する必要のあるものだった。惑星の軌道は地球の軌道との相互作用で、見かけの動きが逆行したりするためだ。

　コペルニクスのこの考えを、ガリレオが支持したことはよく知られる。ローマ教皇を嘲笑うかのような著書で、コペルニクスの見解を公然と示したために、ガリレオは宗教裁判を受けることになった。しかし、当時、コペルニクスのモデルが〔古来の説とは異なる〕唯一の学説であったわけではないことは強調しておくべきだ。コペルニクスの体系を採用するということは、物理学のすべてを書き直す必要を示唆するものだった。16世紀末には、デンマークの偉大な天文学者ティコ・ブラーエが問題の多い周転円を必要としない体系を提案していた。ただし、ブラーエは地球をまだ物事の中心に置いていた。

　ティコ体系として知られるモデルでは、太陽、月、恒星は地球のまわりを回転するが、その他の惑星は太陽を中心に動いていた。実際には、地表に立った私たちの視点からすれば、これは現実に生じている現象の正確なモデルなのだ。つまるところ、これは私たちがどこから見るかという問題〔物理学者が座標系と呼ぶもの〕であり、この当時、人間には地球の表面だけが唯一の場所だったのだ。その視点を取れば、ブラーエは正しかった。あらゆる点で辻褄《つじつま》は合うが、物理学の基礎を変える必要はないものである。

　ところが、ガリレオは地球を中心とする宇宙以上のものを主張していた。元来コペルニクスの研究であるこの問題や、望遠鏡の発明に関して、私たちがガリレオを思い浮かべるのは、ある意味で奇妙だ。望遠鏡はガリレオが発明したわけではなく、彼以前にも何人かが製作を試みていた。ガリレオの重要な貢献は実際には、裁判後に軟禁されているなかで書かれた書物だった。ガリレオは『新科学対話』のなかで、振り子と坂道を転がる球という形で物理学の古典的な見解を切り崩すことになった実験を行ない、運動というものを研究し始めた。

ガリレオが坂道で球を転がすと、球は加速した。坂道を登りだすと、球はゆっくりになった。摩擦や空気抵抗など、速度を緩めるものがほかに何もなければ、平地を転がる球は同じ速さで転がりつづけると想定するのは理に適っていた。コペルニクスのモデルが古い元素にもとづく引力《グラヴィティ》と軽さ《レヴィティ》の見解からの脱却を必要としていたように、このような運動の物理学の探究は、物体を動かしつづけるには押す必要があるとする古典的な考えを揺るがすことになった。

## リンカンシャーの奇跡

1642年12月25日にアイザック・ニュートンが、リンカンシャー州ウールズソープ・マナーと呼ばれた農場に生まれたのは、こうした科学的な世の中だった。古くからの確実性に徐々に疑問の目が向けられていた世界だ。彼の実家は、問題をかかえた一家としか表現しようのない家庭だった。

**ニュートンの生没年をめぐる混乱**

1642年12月25日～1726年3月20日　旧式〔ユリウス暦〕
1643年1月4日～1727年3月31日　新式〔グレゴリオ暦〕

アイザック・ニュートンは科学史のなかでもとりわけ生没年をめぐる問題の多い人だ。定評のある人名辞典ですら間違っていることが知られている。彼が生まれた年と死去した年と、彼がクリスマスの日に生まれたというよく知られた事実、およびガリレオが他界した年に彼が生まれたという考えがいずれも、どの暦を使うかしだいで議論の的となる。

問題が生じるのは、イギリスがグレゴリオ暦を採用したのが遅く、1750年代になってからであったためだ。つまり、ニュートンが生まれたとき、イギリスの暦は現代の暦よりも10日遅れており、彼の死亡時にはイギリスが11日遅れになっていたことになる。事態を一層混乱させることに、古い暦では3月25日が一年の始まりとされており、そのせいでもニュートンの死亡日はずれることになった。この妙な一年の始まりは神のお告げ〔受胎告知〕の祭日にもとづくもので、イギリスではそのためいまだに課税年度は4月6日から翌年の4月5日までと定められている（改暦を考慮すると、歴史上の新年の日付がこの日となるのである）。

この混乱は、その他の出来事と彼の生涯の出来事を関連づけた場合に、やたらに間違いを引き起こす。たとえば、メディアがニュートンの誕生日をクリスマスの日だとしながら、17世紀のクリスマスの日は現代の暦の12月25日ではないと指摘するのを忘れた場合などだ。

ニュートンは苦労の多い子供時代を過ごした。父親は、彼が誕生する前に死去しており、母親のハナはニュートンが3歳のときに地元の牧師と再婚し、新しい夫の家族と暮らせるように、息子を自分の両親のもとに預けてしまった。ニュートンが辛い目に遭ったことはわかっている。彼はノートの一冊に、「宗教上の罪」のリストとして「自分の父母であるスミス夫妻を家ごと焼き払うと脅し」、「死んでくれと祈り、ほかにも同様のことを願った」ことを挙げていた。

ハナは2番目の夫を亡くしたあとウールズソープに戻ってきたが、当時11歳だったニュートン少年はまもなく荷造りをさせられ、グランサムの学校へ送りだされた。町で薬局を営むクラーク氏一家に下宿することになったのだ。ニュートンは初めのころは学校で嫌われていたようだが、機械モデルの組み立てで腕前を発揮したおかげで、人気者になることはなかったにしろ、少なくとも一目置かれるようにはなった。

ニュートンはやがて母親に学校から連れ戻され、農場の仕事を手伝わされるようになったため、親子の諍いはつづいた。ニュートンはたびたび農場の仕事を抜けだす機会を狙い、本を読みふけるようになった。しまいに母親も不満を募らせたのか、通常は町外からの生徒に課される40シリングの学費を学校長が免除してくれるにいたって、説得されて息子を学校に戻らせることにした。しかし、彼がケンブリッジ大学に進学しても、母親は仕送りをしようとはせず、サイザー〔ケンブリッジの奨学生〕になることを息子に求めた。ほかの学生の使用人として仕えることで、生活費を援助してもらったのである。

## ケンブリッジと王立協会

ケンブリッジの学生になるには、この時代は英国国教会の信仰を告白する必要があった。今日では、多くの科学者が無神論者である事態に私たちは慣れているが、ニュートンの時代にはキリスト教徒であることはイギリスで暮らすうえで当然のことであり、ヨーロッパの科学者の思考とも完全に一体化したものだった。ニュートンは敬虔なキリスト教徒だったが、彼の信仰はもともと英国国教会で一般的な信条より、もっとピューリタン的な要素が強く、このころには当時の基準からは完全に異端と考えられるような信仰をもつにいたっていた。大学のフェローは独身でなければならず（これは少なくとも、ニュートンにとって問題ではなかった）、聖職に任命されることが規範となっていた。ニュートンは後者のこの必要条件を回避するために、特別な免除を国王から得ていた。

年齢を重ねるにつれて、ニュートンの信仰はアリウス派へと逸脱していった。これは3世紀にリビアにいたアリウスという祭司が創始した教義で、従来のキリスト教の三位一体（父と子と精霊）の概念を拒絶し、イエスは最初から存在したのではなく、神によって創造されたと信じるものだった。アリウス派は歴史的には存在していたとはいえ、これはニュートンの時代には珍しい信仰だった。しかも、彼はそれを古文書のなかに難解な意味を見いだすことへの執念と結びつけていた。あげくの果てに、聖書のダニエル書とヨハネの黙示録の預言から何かしらの推定をして、世界の終末は2060年以降になるという信念をもつにいたっていた。

ニュートンが宗教に関して国教を信奉しない姿勢を取ったことは、科学に関して彼が取った姿勢と一致していた。当時、ケンブリッジの教育課程は何よりも古典を基礎としており、権威の知恵に疑念を挟む議論はほとんど奨励されていなかった。たとえば、ガリレオの著書は大学の図書館に入れるには、あまりにも革命的であり過ぎた。一方、ニュートンのやり方は王立協会のモットーを反映しており、それが彼の人生のじつに大きな部分を占める方針となっていた。ヌッリウス・イン・ウェルバ（誰の言葉も信じない）、要するに、すべてに疑問をもつことだ。そして、アリストテレスの時代からあまり変化していなかった物理学の見解には、疑義を呈すべきことはいくらでもあった。科学の権威に楯突いたのはニュートンが最初ではない。前述したように、ガリレオをはじめとする人びともやってきたことだが、彼はその疑念を新たなレベルにまで引きあげた。ニュートンは流れに身を任せるようなタイプではなかった。実験においても、数学をますます利用するようになった点でも、彼はその先まで進み、群を抜く覚悟ができていたのである。

ニュートンの初期の科学研究はおもに光に関するものだった。彼は反射望遠鏡を考案したおかげで王立協会のフェローに選出されていたが、すぐに同協会の実験管理者で、ニュートンの色の理論を批判したロバート・フックと対立するようになった。フックの（大半は不正確な）発言を受けて、ニュートンはそれならば辞任すると脅した。

## 俗説と人柄について

フックとの争いは、生涯にわたる確執へと発展した。それが事実であったことについては、疑いの余地はなさそうだ。たとえばニュートンは、フックの肖像画を破棄した件では責任があると思われる。そのせいで、やはり偉大な科学者であったこの人物の当時の絵姿は残されていない。その他の人びととの関係でも、ニュートンはしばしば短気を起こしており、この時代背景を考えれば、いまとなっては〔その原因について〕確信をもちにくいものもある。これは何よりも明らかに、ニュートンの性的関心の不確かさに関することで生じる。

当時は、同性愛的な行為は言うにおよばず、そうした思考ですら、罪深いものであると考えられていた。

それでも、ニュートンが異性に関心があったという証拠はどこにもない。母親以外に、彼と目立ってかかわりのあった女性といえば、グランサムの薬局店主の継娘で、ニュートンの死後、彼が自分との結婚を考えていたと主張したキャサリン・ストアラーと、彼の異母きょうだいの娘であるキャサリン・バートンしかいない。この姪は、晩年にニュートンの家政婦を務めていた。一方、ニュートンはジョン・ウィキンズとは確かに親しい関係にあり、20年以上にわたって同居していた。

それとは別の関係も、ずっと若いスイス人数学者ニコラス・ファシオ・ド・デュイリエとのあいだに発展した。5年以上にわたって2人は愛情のこもった手紙を交わしつづけた。ニュートンはこの若者に贈り物をしただけでなく、彼に宛てた手紙にほかとは比べ物にならないほど感情がこもっていた。2人のあいだに関係があったとしても、それは1693年にニュートンがロンドンにファシオを訪ねたのちに、突如として終わりを迎えたようだ。これは2人がともに錬金術に夢中になっていることについて、ファシオが口外したためであったかもしれない。そして、このことはほぼ間違いなく、ニュートンが直後に神経衰弱を患う原因となった。その後の数ヵ月間に、ニュートンは何人もの知人にたいし、これ以上はかかわりたくないとする絶交状を書いたうえに、哲学者のジョン・ロックが女性問題でニュートンを巻き込もうとしたとすらほのめかした。彼はまもなく回復したようだったが、ストレスを受けていたのは明らかだった。

現代人の感覚からすれば、このように錬金術に夢中になることもまた、性格上の問題をにおわすものであったかもしれない。実際、ニュートンにとって錬金術は強迫観念に近いもので、人生のなかで物理学の功績をあげていた時期の大半をそのために費やしていた。また、彼が扱っていた水銀などの素材が神経障害を引き起こした可能性もあった。しかし、錬金術の研究は、確かに疑わしいものと見られていた（および特定の方法で使用すれば違法だった）ものの、当時の科学思想と相容れないものではなく、科学思想と神秘主義の宗教思想に明らかに二股をかけていた人間には、ぴったり合うものだった。

ニュートンの私生活の細部をめぐる不確かな点はもう一つある。ニュートンに関する間違いなく最も有名な話にまつわるものだ。つまり、リンゴの一件だ。ニュートンのリンゴに関しては、つくり話だと主張する人も近年、一部に見られたが、完全に架空の話ではない（ただし、彼の頭の上に落下してきたという点は架空だが）。リンゴの話の情報源はニュートン自身であり、引用したのは同時代の若い著者ウィリアム・ステュークリだった。著書『サー・アイザック・ニュートンの生涯の回想録』〔*Memoirs of Sir Isaac Newton's Life*、未邦訳〕のなかで、1726年にケンジントンのオーベルズ・ビルディングにニュートンを訪ねたときのことをステュークリは書いた。夕食後に庭でリンゴの木の下に座って（紅茶を飲んで）いたとき、「リンゴの落下によって引き起こされた」引力の性質を初めて考えたと、ニュートンが主張したのだとステュークリは語る。

ニュートンが80代になってからのこの晩年の新事実は、おそらく実際にはその出来事を彼が覚えていなくなった時期に、自身の神話化をはかろうとした試みだったと主張する人もいる。確かに、リンゴの一件を語るそれ以前の記録はない。しかし、これはしごく理に適った主張でもある。それを否定するのは、真実を求めたいからではなく、むしろニュートンという偶像を破壊しようとする試みであるように思われる。ここで確かに言えるのは、ニュートンにはみずからの研究を発表したいという強い衝動がなく、何年間も発表せずにいることもよくあったということだ。そして、このことは少なくとも『プリンキピア』のいくつかの項目については言えるだろう。

## 発表には気乗り薄　1687年のその日

ニュートンは微分積分学と引力の理論を、疫病の流行でケンブリッジから自宅に戻された1665年からの2年未満の集中した時期に構築したのだとよく言われてきた。これはひどく誇張された説だ。彼は確かに力と引力に関する研究をなかなか発表しなかったが、『プリンキピア』が最終的に刊行されたときには、それまで20年以上にわたって研究してきた問題が一緒に盛り込まれていた。ニュートンの初期の研究は王立協会に送られていた。しかし、フックから批判されたのちは、光に関する突っ込んだ理論の詳細を送ることを拒むようになった。彼は1670年代から、1704年に『光学』を刊行するまでずっとそれらを公開せずに手元に置いていた。ニュートンの人格を形成してきたもろもろの要因が、彼を秘密主義に傾かせたようだ。光に関する理論を最初に考えだした人間として認められようと彼は意を決していたにもかかわらず、機会が訪れるたびに、刊行を拒んでいたのだ。

『プリンキピア』が最終的に出版されることになったのは、ニュートンによるのと同じくらい、天文学者のエドマンド・ハレーに負うものが多かった。ハレーとフック、それにセントポール大聖堂の設計者である博学のクリストファー・レンが、1684年にロンドンのコーヒーハウスで惑星運動について話をしていたとき、惑星を軌道上で動かしつづける力は、その惑星と太陽との距離の2乗で減少するのだとフックが主張したのである。これは明らかにフックの自惚れ話に違いないと疑った裕福なレンは、この問題を

2ヵ月間で証明してみせたら、報奨金を出そうと提案した。フックが証明に失敗すると、ハレーはケンブリッジに出向いて、この問題についてニュートンと話をした。

ニュートンは自分も以前にそのような力が楕円の惑星軌道を生みだすことを示す適切な計算をしたと主張したが、それをどこに書き残したかわからないと語った。2ヵ月後、彼はハレーにこのテーマに関する90ページの論考を送った。この仕事が『プリンキピア』を執筆するきっかけになったと考えられる。1687年7月に出版されたころには、この作品はラテン語で書かれた3巻本になっていた。第1巻『デ・モトゥ・コルポルム』*De Motu Corporum*（物体の運動について）では、質量などの基本的な概念が紹介され、ニュートンの運動の3法則が提示され、惑星の逆2乗の法則の楕円運動を裏づける計算が示される。

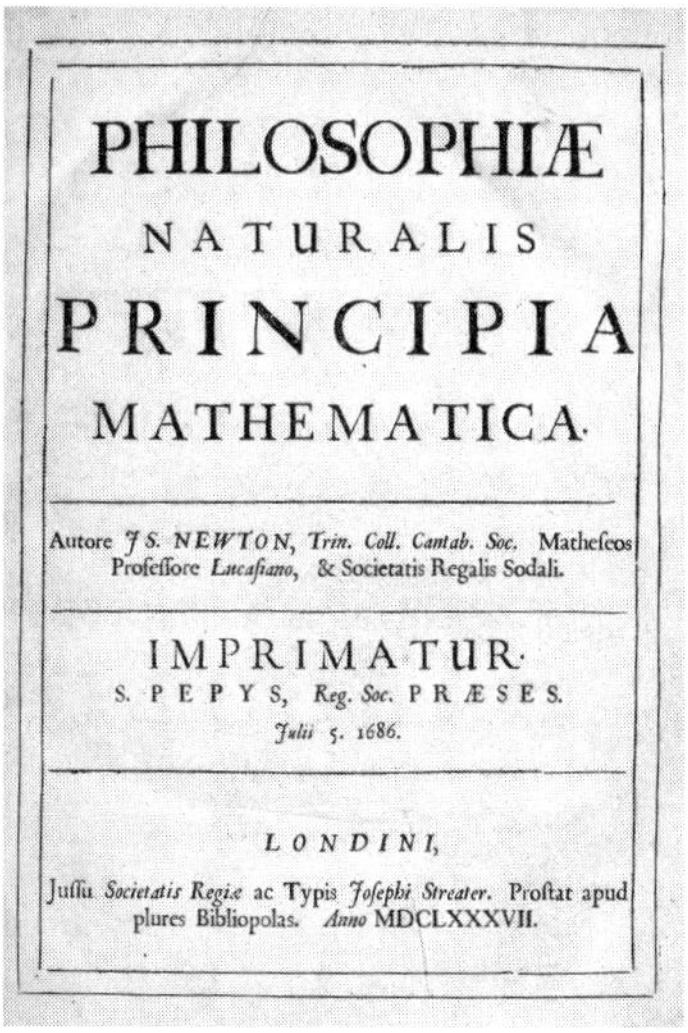

PHILOSOPHIÆ
NATURALIS
PRINCIPIA
MATHEMATICA.

Autore *JS. NEWTON*, *Trin. Coll. Cantab. Soc.* Matheseos Professore *Lucasiano*, & Societatis Regalis Sodali.

IMPRIMATUR.
S. PEPYS, *Reg. Soc.* PRÆSES.
*Julii* 5. 1686.

*LONDINI*,
Jussu *Societatis Regiæ* ac Typis *Josephi Streater*. Prostat apud plures Bibliopolas. *Anno* MDCLXXXVII.

『プリンキピア』の本扉

第2巻は、最も重要性が低いと言われ、『デ・モトゥ・コルポルム・リベル・セクンドス』*De Motu Corporum Liber Secundus*（物体の運動について、第2巻）――この題名の手抜きぶりは後世のハリウッドにも匹敵する――と題されており、空気のような抵抗媒質を加え、振り子、波、渦を検討する。第3巻『デ・ムンディ・システマテ』*De Mundi Systemate*（世界の体系について）は、ニュートンの引力の法則が盛り込まれている。この巻では、有名なリンゴを落下させた原因であるのと同様に、月を地球の周回軌道上にとどめ、惑星に太陽の周囲をめぐらせる「万有」引力が説明される。

前述したように、のちに英語で書かれた『光学』とは異なり、『プリンキピア』はラテン語で執筆された。ラテン語は大学が創設された当初のヨーロッパの学問の世界では標準的言語であり、ヨーロッパ各地の学者が大学から大学へ自由に移動して、意見交換するのを可能にしていたものだった。学術書は何百年ものあいだラテン語で出版されていたのだ。ラテン語を使用することで確かに国を超えて読まれるものになったが、読み書きのできる人びとの大半がこれらの学術書の読者として除外されることにもなった。だが、多くの自然哲学者はそのことを積極的に奨励しており、「ロバにレタスを与えるのはばかげている。ロバはアザミに満足しているのだから」といった発言を好んで引用していた。一部の人びとのあいだでは、難解な事柄が一般大衆の目に触れないようにすることが意図的に試みられていたのだ。

しかし、こうした姿勢は変わりつつあった。たとえば、ガリレオは主要な著作をラテン語ではなくイタリア語で書いていた。そこには当時の現代語で聖書を出版することとの類似が見られた。16世紀と17世紀のキリスト教教会の宗教改革の主要な動きの一つは、ラテン語が使用されていたため大衆には理解できないものだった礼拝の儀式や聖書で、代わりに母語を使うように切り替えたことだった。だが、ニュートンは『プリンキピア』の英語による出版を死の直前まで許可しなかった。

完全にラテン語版にすることへのこだわりは、心変わりによるものだった。ニュートンは当初、数式を満載した2冊をラテン語で――1冊目は力と運動に関する問題（これが第1巻、および第2巻の一部になった）にして、2冊目を惑星運動をテーマとして――刊行し、3冊目を英語で、より広い読者層に向けて書き、広く一般大衆にも自分の研究が理解できるようにする予定だった。しかし、彼はそこで意図的に

3冊目をさほど読みやすくないものに変え、最初の2巻の原理を習得した人でなければ理解できないものにした。実際にそうだとわかるのは、ニュートンがそう認めることで第3巻を始めているからだ。これは一部には、「ここに書かれた原理を十分に理解していない人には、間違いなく結論がもつ力がわからないだろうし、長年にわたって慣れ親しんできた先入観を捨てることもないだろう」からだと。

この最後の重要な巻は、完全に失われてしまう危険もあった。1686年に王立協会でその抜粋が読まれた際に、ニュートンの長年の仇敵であるロバート・フックがそれを聞いて、引力を最初に考えだしたのは自分であるのに、ニュートンはその功績を認めなかったとして痛烈な苦情を寄せたのだ。ニュートンはハレーに、第3巻は発表しないつもりだと書き送った。「哲学とはじつに横柄で訴訟好きなご婦人のようなものなので、女性を相手にするのと同じくらい、訴訟にかかわることになるからだ」というのが、その理由だった。ハレーはニュートンをなだめた。その結果、この本は1687年4月に完成したが、そのころにはニュートンは3巻すべての原稿に手を入れて、それまでにフックについて言及していたほぼすべての箇所を入念に削除していた。

『プリンキピア』の出版費用は王立協会が支払うものと考えられていたが、同協会がその予算をフランシス・ウィラビーの『デ・ヒストリア・ピスキウム』*De Historia Piscium*（魚類の歴史について）という記念すべき作品とは程遠い本の出版に浪費してしまったことはよく知られている。その結果、『プリンキピア』は、すでにその制作から面倒を見てきたハレーが、初版の400部ないし500部の印刷費の負担を買って出るまで、日の目を見ないものになる危険があった。これはかならずしも完全に利他的な行為ではなかった。ハレーはおそらくこの冒険的事業でいくらか利益を出しただろうと言われてきたからだ。彼は王立協会の『フィロソフィカル・トランザクションズ』に絶賛する書評も書き、この本のためにニュートンへの頌歌を冒頭に書き(おそらく現代の科学書に多く見られるようなもの)、そこには以下のような鼻につく言葉が並んでいた。

高名なアイザック・ニュートンによる数学と物理学の論文である、われらの時代と国民のこの至宝への頌歌(部分)

エドマンド・ハレー作(I・バーナード・コーエンとアン・ウィットマン英訳より)

見よ、天の紋様と、聖なる構造の均衡を。
見よ、ユピテルの計算と法則を。
世界の始まりを築いたとき、万物の創造主も背くことのなかったものを。
……
おお、天の神々のネクタルを歓喜して飲む者たちよ、
ニュートンをたたえる歌を、われとともに歌おう。こうしたすべてを明らかにし、
隠された真実の宝物庫を開ける人を。
……
これほど神々に近づける人間はいない。

## 新しい物理学

『プリンキピア』の大半は簡単に読めないが、数百ページを読み進めることができた者にとっては、この書は世界を変えるものとなった。前述したように、この書が生みだした大前進には運動法則と万有引力の法則が含まれていた。もう一つ重要なのは、質量の概念だった。

重さとは異なり、質量はニュートンが導入した考えだった。力と運動の関係を正しく理解するうえで必須となるものだが、いまでもきちんと把握されていないことが多い。質量は物質に固有の性質で、2つの別々の機能がある。物体の慣性を定めるものと、引力の作用を受けた場合にどう反応するかを決める働きだ。厳密に言えば、これらの機能には独自の価値があるのだが、現実には同じ質量が双方に作用する。

慣性は物体が運動にたいしてもつ自然の抵抗である。質量が大きければ大きいほど、物体を加速させる力は大きくなる。ニュートンがここで見せた天才的なひらめきは、重さの概念から離れたことだった。重さは、特定のレベルの重力を受けた質量にかかる力なのだ。ニュートンの時代はさておき、今日でも身近な経験としては、地表面で物体がもつ重さしかない。しかし、同じ物体でも宇宙に行けば、または月面では、まるで異なる重さになるだろう。実際には、重さは力の単位（科学体系ではニュートンという単位）で測定されるべきものだが、現実には私たちは代わりに質量の単位を使っている。したがって、何かが1キログラムだというとき、本当はそのような質量が地表面でもつ重さのことを意味しているのだ。

ニュートンの運動法則も、自明のことを超えた先を見通す能力を必要とするものだった。古代ギリシャ人は、何かを動かしつづけるには押さなければならないと当然ながら思い込んだ。何といっても、そう考えれば私たちが目にする実態とよく合致するからだ。しかし、ニュートンの第1の運動法則は、物体は外部から何らかの力が加わらない限り、運動するか静止した状態をそのまま保ちつづけると述べ、摩擦や空気抵抗のような力が動いている物体の速度を緩めていることを認めるものだ。先にも述べたように、ガリレオもこのことを認識していた(アリストテレスですら真空が存在するとすれば、そうなるだろうと、真空の存在を疑う議論のなかで主張していた)が、そのことを現実として確かなものとしたのはニュートンだった。

運動の第2法則は、物体の運動が変わる方法と、それに加わる力と、物体の質量を関連づけるものだ。ニュートンはそれについてこのように明確に述べたわけではないが、いまでは力は質量と、そこから生みだされた加速度を掛け合わせたものだと言うことができる。ガリレオも実験的にこの関係のそれぞれの側面を考えていたが、これに関しても数学的に確かなものとしてこの関係を突き止めたのはやはりニュートンだった。

最後に第3法則から、何らかの作用があれば、反対側から同じだけの反作用があることを教えられる。何かを押せば、それに押し返されるのだ。このことは、壁を押してみた場合にはかなり明白だが、もっと一般的に応用した場合には斬新な見解となった。多くの物理的な相互作用の根底にあるもので、それが航空機のエンジンや翼、ロケットなどの働きにかかわっていることは言うまでもない。

質量と運動法則は『プリンキピア』の基本となるもので、最初の2巻の多くの事例の核心となっている。しかし、ニュートンが遂げた最大の躍進は、万有引力の概念を展開させたことだった。『プリンキピア』

でこの問題につながる不可欠な要素は、「球殻《きゅうかく》定理」だった。これは物体の質量が1点で、つまり物体の重心で働いていると考えられることを証明するものだ。ニュートンの引力の法則はしたがって、2つの物体間の力をそれぞれの質量と、重心間の距離の逆2乗と関連づけるものだった。そこには同じ力がりんごを落下させ、物体を軌道上で周回させる原因になりうるという認識も含まれていた。月の軌道を地表に触れんばかりに引き寄せていることを想像しながら、ニュートンが巧みに示したものだ。

　引力がどう作用するかに関して、ニュートンは理論を構築していたが、『プリンキピア』で彼はこの仮説もその他どんな説も探究するつもりはない（原語のラテン語では「ヒポテセス・ノン・フィンゴ *hypotheses non fingo*」）、と明言していた。物体が一定の距離で互いに影響をおよぼしているとする彼の理論の必須条件は、当時は隠されたものという意味で、超自然的《オカルト》なものだと言われていた。そのような作用が起こりうる明白なメカニズムは存在しなかったからだ。300年以上ののちにアインシュタインが一般相対性理論を展開してようやく、ニュートンの研究は現実をもっと正確に反映するまでに洗練されたものになり、距離を置いた引力の作用に関する説明ができるようになった。

　『プリンキピア』の根底には、ニュートン独自のもう一つの優れた考え方、つまり微分積分学がある。この書のなかで示された数学的計算の大多数は幾何学的なものだが、彼の理論を展開させるうえで、変化の数学が中心となっていたのは疑いようがない。これはとくに、運動と引力の仕組みを考えるうえで必要な加速度のようなものに向いている。ニュートンも確かに微積分を用いているが、ごく限定的であり、実際にはもっと利用できたはずだった。しかし、微積分は、本書でこの特定の日を探究する旅では後部座席に座ってもらわなければならない。これはゴットフリート・ライプニッツによって同時に開発されたものだからであり（今日まだ私たちが使っている用語や表記法は彼が考案した）、また微積分の利用は『プリンキピア』ではおおむね隠されているからだ。

## ニュートンの人物像

ニュートンは、その他一握りの人びととともに、世の中を変えた天才として頻繁に偶像視されているが、科学は共同プロセスであり、そのなかでは誰も孤立して活動してはいない。ニュートン自身はこのことを彼の有名な格言、「私が遠くを見通せるとしたら、汝ら巨人の肩に立っているからだ」で強調したようだが、今日ではこの言葉は中傷だったと一般には考えられている。この発言はロバート・フック宛の書簡に書かれたもので、先に見たように、ニュートンは彼を軽蔑していた。フックは猫背の人物として知られており、外見的には巨人どころではなかったので、この言葉がフックを揶揄したものであると考えずにいるのは難しい。

のちにニュートンは、数学者のライプニッツと微積分を発展させるうえでの優先事項をめぐって諍いを起こし、引力に関する研究を裏づけるためのデータをニュートンに提供していた王立天文台長のジョン・フラムスティードとも不和になった。ニュートンがフラムスティードに天文カタログを作成するよう圧力をかけ、フラムスティードがそれを完成させる前に、未承認の版を勝手に出版してしまう結果となったために、彼らは仲違いをしてそのことが世間に広く知られるようになった。

しかし、新しい科学的思考の多くが話題となっていた時代に生きたにもかかわらず、ニュートンはこの分野で非常に孤立した人物だった。科学者としての現役時代にも、科学界の意見交換の場にはめったに足を運ばなかったし、働き盛りの時期には、のちに自分が率いることになる組織である王立協会と、ことさら険悪な関係に陥っていた。彼は確かに自分が手をつけられるものは何であれ利用したが、物理にたいする彼の姿勢は、偉大な先駆者であるガリレオとは抜本的に異なっており、その中心には数学がはるかに確固として位置づけられていた。

ニュートンが物理と数学に専念していた時期はあったものの、人生の大半ではそれらが彼の優先事項ではなかったという事実も考慮する必要がある。彼の蔵書リストはこのことを端的に示す。死去したとき、ニュートンは2100冊近くという、当時にしては非常に多くの書物を所有していたが、このうち物理学と天体学に関するものは109冊しかなく、数学は126冊で、477冊が神学書だった。『プリンキピア』を刊行したのちは、彼は科学よりも政治活動とイギリス王立造幣局との関係にはるかに多くの時間を割くようになった。造幣局では、ニュートンは犯罪科学の精度を上げ、贋金をつくったり、硬貨の金属含有量を減らしたりする者たちを取り締まっていた。

科学の研究のためにナイトの称号を授与された最初の人物だと、ニュートンはしばしば言われるが、実際には彼がナイトに叙されたのは、政治活動と造幣局での仕事によるものだった。そう考えると、ニュートンがそれでもこれほどの功績を残したのは、ひとえに彼が天才であったからだと言える。そして、その功績の頂点は、『プリンキピア』の出版だったのである。

## 暮らしを一変させたもの

ニュートンの研究がのちの物理学の発展に寄与した分野は多数あるが、『プリンキピア』の内容によって特定の結果が引き起こされた事例が若干ある。

### 機械工学

あらゆる機械工学は、ニュートンの運動法則を利用している。それ以前にも機械をつくること――たとえば紡ぎ車のような、最も基本的な機械――は可能だったが、現代の機械類の発展にはこれら必須の法則を頻繁に利用する必要がある。

### ジェット・エンジン

ジェット・エンジン（およびロケット）はニュートンの第3の運動法則に完全に依拠するものだ。エンジンが空気と燃料を押すことで背後から排出させ、その結果、エンジン（およびそれが取りつけられている飛行機）が前に押し進められるのである。

### 翼

航空機の翼の浮揚効果は通常、ベルヌーイの法則によるものとされる。翼の形が空気の圧力を変え、浮力が生まれるというものだ。しかし、航空機の翼がはたす作用を考える最も単純な方法は、航空機が進む過程で空気を下方に押しつけるような角度に翼が傾いているというものだ。第3法則は、翼はそれに応じて上に押し上げられることを意味する。

## 人工衛星

宇宙飛行の最も画期的な側面は、宇宙飛行士を地球の外へ送りだす能力だったが、日々の暮らしにおよぼす最大の影響は、私たちに通信、天気予報、GPS測位システムなどを与えてくれる人工衛星から格段にもたらされる。ニュートンの引力に関する研究を利用しなければ、衛星を軌道へ打ち上げることは（その点で言えば、人類を月に送り込むことも）不可能だっただろう。

DAY 2

# Thursday, 24 November 1831

*Michael Faraday – Reading of 'Experimental Researches in Electricity'*

【2日目】

# 1831年11月24日(木)

## マイケル・ファラデー

——「電気の実証的研究」の口頭発表

**ファラデーの略歴**

物理学者、科学者、および科学コミュニケーター
功績——物理学における電磁場の利用、電磁気学、電気工学、電磁誘導、電気分解、ベンゼンの発見

1791年9月22日　ロンドンのニューイントンバッツ生まれ
学歴——基本的に独学
1805/6～1812年　製本業見習い
1813年　ロンドンの王立研究所でハンフリー・デイヴィーの助手になる
1821年　王立研究所で会館監督助手
1821年　サラ・バーナードと結婚
1824年　王立研究所の会員に選出
1825年　王立研究所の研究所所長
1827年　王立研究所のクリスマス講座を始める
1833年　王立研究所のフラリアン化学教授に就任
1867年8月25日　ミドルセックスのハンプトンコートにて75歳で死去

アイザック・ニュートンとは対照的に、マイケル・ファラデーは控えめな人物で、みずからの限界をよく心得ていた。しかし、基本的に独学だったファラデーには物理学を理解する生来の素質があり、電場・磁場の概念を考案することによって、ほかの人びとに幅広い洞察を示すことになった。理論物理学を様変わりさせることになる考え方である。彼の師であったハンフリー・デイヴィーは、ファラデーが自分の友人のウィリアム・ウォラストンの発見を盗用したに違いないと考えて執拗に責め立てたが、ファラデーはそれにもかかわらず主要な電気装置の開発に動きだし、それが一般大衆に電気をもたらすことになった。この試みは1831年11月に電磁誘導の発見を発表したことで、頂点に達した。電気モーターと発電機はファラデーによって実用的なものになった。実際には、イーロン・マスクは彼の会社をテスラではなく、ファラデーと名づけるべきだったのである〔19世紀の発明家ニコラ・テスラにちなんでいる〕。

## 1831年という年

この年には、ヴィクトル・ユーゴーが『ノートルダムのせむし男』を出版し、磁北極の物理的な位置が定まり、前年にオランダから分離したベルギーでレオポルド1世が即位し、イギリスではウィリアム4世が即位したほか、チャールズ・ダーウィンを乗せたイギリス海軍のビーグル号がプリマスから出航し、スコットランドの偉大な物理学者ジェームズ・クラーク・マクスウェルが生まれた。マクスウェルは電磁気学の分野で、ファラデーの科学界の後継者となった人だ。

## 離れた場所からの魔法の作用

電気と磁気は離れた場所から何らかの動きを生じさせ、魔法のように見える火花を発生させる謎の現象として数千年前から知られてきたが、19世紀初めにマイケル・ファラデーがさまざまな実験を行なって電気と磁気の相互作用を研究した。その結果が1831年の電磁誘導の重要な現象に関する彼の論文となった。

電気と磁気はその性質に明らかな類似が見られるものの、物理学では19世紀になるまで、世界全般ではもっと後年まで、両者は別々の概念として扱われていた。電気と磁気はどちらも電磁気力の全般的な現象の側面なのだが、学校でも、日常の経験でも、私たちはまだ電気と磁気は無関係のものとして扱いがちだ。

その存在が知られるようになったのは近代科学以前のことなので、電磁気力のどの側面が最初に認識されたのか突き止めるのは難しい。たとえば、古代ギリシャ人は静電気と磁力の双方に気づいていた。静電気は物体に電荷がたまることであり、摩擦電気によることが多い。風船をこすって壁にくっつけさせたり、小さな紙片を拾いあげさせたりするとき、私たちも静電気を経験する。同様に、静電気がたまると、化繊の衣服を脱ぐときにショックやパチパチ音が生じる。

古代ギリシャ時代には、静電気を生じさせるのにもっぱら使われた素材は、琥珀という化石化した樹脂だった。紀元前600年ごろにミレトスのターレスが書いたその効果が、私たちに馴染みのある言葉の語源となっている。ギリシャ語では、琥珀のことをエレクトロンと呼んでいたのだ。磁石に関しては、ギリシャ人はマグネシアという地域で産出する特殊な石に、一部の金属を引き寄せるほか、南北方向に向く力があることに気づいていた。彼らはこの石のことをマグネシアの石、マグニティス・リトスと呼んでいた。

## ニンニクとヤギの血

いまでは電気も磁気も科学現象以外のものとしては考えにくいが、古代ギリシャ人は科学的な観点よりも魔術的な観点にそれらを結びつけていた。このことを何よりも明らかにするのは、ニンニクとヤギの血との磁石のかかわりだ。古代ギリシャ人とローマ人はどちらも、磁石にニンニクのかけらをこすりつければ、その効能を止められるのだと信じていた。その後は、ヤギの血に浸さなければ、磁石の作用が再び戻ることはないのだった。

現代の私たちがこうした主張を理解するのに苦しむのは、自然にたいする理解と実験のあいだの強い結びつきが念頭にあるからだ。磁石にニンニクをこすりつけたあと、それが問題なく使えるのを証明するのは、どう考えても明らかに容易なことと思われる（本書の読者が1人か2人それを試してみたとしても、私は驚かない。うちの冷蔵庫についている磁石はニンニクを塗っても何ら影響されないと私は請け合うことができる。その結果、ありがたいことに私はヤギの血の仮説を試す必要はない）。

奇妙に聞こえるこの信念を理解する2つの鍵は、身の回りの世界を理解する手段として当時は哲学に依存していたことと、権威ある人物に極端な敬意が払われていたことだ。社会通念はしばしば哲学的な議論によって決まり、その後は勝ち残った主張が事実として受け入れられるが、やがて反論者が現われてそれを試すべく極端な手段に出るようになる。

社会通念よりも実験と経験を重要視することは、1千年紀の終わりごろにアラビア語圏で提唱され、ヨーロッパの一部の思想家にも受け入れられた。たとえば、13世紀のイギリスの修道士で自然哲学者のロジャー・ベーコンは、実験の本質を強調した。ベーコン自身は光の実験以外はほとんど行なっていないが、『エピストラ・デ・マグネテ』（磁気書簡）の著者であるフランス人、ペルトルス・ペレグリヌスに感化されて実験の重要性を訴えるようになった。ベーコンはペルトルスにパリの大学で会ったと思われ、彼を称賛する言葉を書いている。「彼は自然の事物、医学、錬金術に関する知識を、実験を通じて得ている……」

その結果、ベーコンの傑作『オプス・マユス』（大著作）では、知識の百科事典をつくる壮大な提案をしたセクションが丸ごと、哲学理論を試す方法としての実験の重要性に割かれていた。ベーコンはこう書いた。「したがって、現象の根底にある真実に関して何ら疑念なく喜びたいと願う人は、実験に専念するすべを知らなければならない。なぜなら、著述家は多くの見解を書き、人びとは経験もせずに推論によってそれらの見解を信じるからだ。人びとの推論は完全に間違っているのである」

実際には、ベーコンが実験だと考えたものは、今日ならおそらく私たちが経験と呼ぶものに近いだろう。だが、哲学的な議論の力だけに頼るのではなく、物事を試す必要性を主張した点で彼が異質だったという事実は残る。本書の1日目で見たように、旧式の考え方は依然として非常に根強く、アイザック・ニュートンの若いころでも、「科学」の大半はまだ古代ギリシャ哲学者の見解と照らし合わされていた。そのため、いまでは信じがたいことだが、磁石の力におよぼすニンニクとヤギの血の効果は、17世紀にはまだ一般的に信じられていたのである。

だが、その主張に疑念をいだく人がいなかったわけではない。『マギア・ナトゥラリス』（自然魔術）を書いたイタリア人著述家ジャンバティスタ・デッラ・ポルタは（１５８９年に刊行された彼の著書の１６５８年版の英訳書のなかで）こう書いた。「ニンニクを食べたあとでロードストーン▼1に息を吐き、げっぷを出しても、その効力がなくならなかっただけではない。これをニンニク液にすっかり浸してみても、磁石は一度もニンニクに触れたことがないかのごとく、その仕事を同じようにきちんとこなしていた」

ニンニクが磁石の力を失わせるという考えは、共感と反感の原理に端を発するものだった。自然界のものはお互い生来、共感するか、反感をいだくというものだ。ニンニクが磁石に悪影響をおよぼすと考えられたのは、民話のなかでニンニクが吸血鬼を退治することと関連づけられていたのとまったく同じ理由からだった。ニンニクは毒にたいして反感をもつと考えられており、磁石の力はある意味で有毒なものと考えられていたのだ。同様に、ヤギの血は磁石に共感するものと考えられていた。

デッラ・ポルタは磁石の使い方に関して役立つ手解きもしており、たとえば、妻の枕の下にヴィーナスの姿を彫刻した磁石を入れておくと、貞操を試すものになるとしていた。妻が浮気をしていなければ、夢のなかであなたに惹かれ、浮気していれば、あなたをベッドから押しだすだろうと。彼がこの仮説の実験的証明をしたのかどうかは定かではないが、少なくとも磁気の科学に関する彼のより正確な研究の一部は、別の研究者からの盗用だったようだ。

デッラ・ポルタは一部の研究素材をイタリアの研究仲間のレオナルド・ガルゾーニから拝借していたと思われる。ある論文で、ガルゾーニは磁石と鉄の棒を使った一連の実験について書いていた。これらの実験は１６００年にイギリスの自然哲学者ウィリアム・ギルバートが上梓した『デ・マグネテ』（磁石論）という書にも掲載されることになった。同書は、磁石の作用についての（その仕組みまで言及しなかったとしても）私たちの科学的な理解の基礎を提供しただけでなく――ペルトルス・ペレグリヌスの研究にロジャー・ベーコンが感化されたように――実験科学そのものを発展させたと言えるだろう。実際、ギルバートの本にひらめきを得て、ガリレオは科学実験にのめり込むようになった。

羅針盤がその働きをするのは、地球そのものが磁石であるからだと明確に突き止めたのはガリレオだった。テッレと彼が名づけた小さな磁石の球を使って、羅針盤と地球の相互作用を実験的に比較したのである。

## 電気の体験

電気は、稲妻など、目に見える一部の形態では磁気よりもさらに身近なものだったが、当初は、琥珀をこすることで発生する静電気と、空で生じる途方もない放電とを関連づけるものは何もなかった。静電気と磁気の効果には明らかに類似性があったが、互いにかなり異なってもいた。たとえば、磁気は鉄しか引き寄せないが、静電気は紙から髪の毛まで幅広い物質を吸い寄せた。ギルバートは磁石で実験をしただけでなく、電気でも数多くの実験を行ない、電気的効果を生みだす物質の幅を広げた（もっとも、金属は電気を発生させないと述べ、磁石と電気的物質を明らかに区別していた）。

18世紀のあいだに、琥珀をこする以上にずっと大きな電荷を発生させる摩擦電気装置が開発され、電気現象の実演は人気を博する娯楽となった。その最たるものは「電気少年」で、絶縁材料から吊るされた若者が、電気効果を伝導するために使われた。この時代に見られた重要な前進は、ベンジャミン・フランクリンの有名な凧の実験で、それによって稲妻が地上の電気と結びつくようになった。

## フランクリンの凧

電気を使うさまざまなものを経験している私たちには、稲妻が電気の一形態であることは明らかと思われるかもしれないが、そう認識されるようになったのは比較的近年のことだった。アメリカの政治家であり科学者でもあったベンジャミン・フランクリンが、1752年に雷雨のなかで凧を揚げて稲妻の性質を実験したことはよく知られる。凧は嵐から電荷を帯び、そのためフランクリンが凧の紐に取りつけた鍵から火花が飛んだのだと考えられている。しかし、もしそうだとすれば、これは非常に危険な行動で、死を招きかねないものだった。雷雨時に凧は決して揚げてはならない。

この実験には胡散臭い歴史がある。フランクリンがこれを実施したかどうかは確かにはわからない。彼は1750年に出されたある出版物でこのような実験を試みることは、確かに提案していたし、それを実行した人びとはほかにいたが、フランクリン自身がそれを行なったとする当時の記録は何もない。もしやったとすれば、この実験の様子としてよく描かれるように、凧を揚げて雷に打たれるまで待ったというのは、ありえそうにない。代わりに彼が提案したのは、雷雲の電荷を利用して鍵を帯電させることで、落雷させるものではなかった。電荷はその後、ライデン瓶と呼ばれる原始的な蓄電装置に導線を使って送られ、その瓶のなかで、嵐の力が地上で発生させる通常の電気〔稲妻〕とまったく同様のふるまいを実証することができた。

この時代まで、電気について考察されてきたのはおもに静電気に関することだった。雲の内部にしろ琥珀にしろ、そこにたまった電荷のことであり、それが火花の形で瞬間的に電流を生みだす可能性があるものだ。しかし、ファラデーの研究を可能にするうえで必要な最初のステップは、電流として一定の流れを生みだすことだった。導電性材料を通る電子の流れとして、いまでは私たちが知るものだ。これはイタリアの科学者アレッサンドロ・ヴォルタによって電池が考案されたことによって可能になった。初期の電池は電堆《でんたい》と呼ばれていた。これが文字どおり、セル〔発電可能な最小単位〕を堆積したものでできていたためだ。それぞれのセルは銅の円板の上に塩水に浸けた紙の円板を載せ、さらに亜鉛の円板を重ねたもので構成されていた。電子の流れを生みだす化学反応を起こす材料を組み合わせたものである。

１８３１年11月24日にまでいたる最後のステップは、ヨーロッパの科学者が行なった一連の実験によって電気と磁気の関係が認識され始めたことだった。古代の人びとが気づいたような両者の類似ではなく、これらの現象の一方が他方を影響する方法においてである。デンマークの科学者ハンス・クリスティアン・エルステッドは１８１９年に、羅針盤の針は電流が通る導線を近づけると動くことを証明し、電気が磁気に影響をもたらすことを示した。2年後、フランスの科学者アンドレ＝マリー・アンペールが、電気力学とみずから名づけた科学を発展させ

電堆

て、電流が通る導線はさながら磁石のように、互いに引き寄せたり反発したりするようになると言及していた。ファラデーの研究に寄与することになった3つ目は、1824年にフランスの科学者で政治家であるフランソワ・アラゴが見いだした観察結果で、銅の円板を回転させ、その上に磁気を帯びた針を吊ると、その針がのろのろと回転するようになるというものだ。銅は磁性材料ではないので、これは明らかに磁気作用ではなかったが、銅のなかで何かが生じ、この回転運動を生みだしていたのである。

## 控えめな人物

ヴィクトリア朝時代の科学者の多くは裕福な人びとで、お金を稼がなくてもよいため、科学への情熱に耽溺することができた。マイケル・ファラデーほど、このタイプの科学者とかけ離れている人はいない。彼は貧しい家の出であっただけでなく、表彰されるのをたびたび断り、亡くなるまでただのミスター・ファラデーでありつづけた。

ファラデーの両親は、職を求めてイングランド北部からロンドンに息子が生まれる以前に移り住んでいた。マイケル少年は学校には短い期間しか通わず、14歳のとき、フランス生まれの製本業者ジョルジュ・リエボーの徒弟になった。ファラデーの知性面での発達に影響を与えた2つの主要な要因の1つがリエボーであったことは疑いの余地がない。フランス革命を逃れてきたリエボーは、店内にある本を読むことをファラデーに奨励した。そこからファラデーは、ロンドン市哲学協会の講座に参加して科学に強い関心をいだくとともに、2人目の師であるハンフリー・デイヴィーの配下に身を置くことになった道を歩みだした。

デイヴィー自身も比較的貧しい家の出身だったが、生まれ故郷のコーンウォールでグラマースクールには通っていた。デイヴィーは薬剤師の徒弟になったのち、偶然の出会いからブリストルの医学研究センターである気体研究所で頭角を現わし、その後、ロンドンの王立研究所でさらに出世した。同研究所では衆目を集める公開講座で人気を博したうえに、裕福な寡婦と結婚したおかげで、彼はジェントルマンに変貌を遂げていた。

哲学協会で開かれた講座で自分が取ったノートをファラデーが製本したところ、リエボーの顧客がそれに大いに感銘を受け、デイヴィーの連続講座のチケットをファラデーに与えたのだ。デイヴィーが化学薬品の爆発で一時的に片目の視力を失った際には、ファラデーはしばらく助手を務めることもできた。ファラデーはその後、製本業に戻った。ところが、王立研究所の実験助手が喧嘩をして解雇されたことで、長期の勤め口に空きが出て、前回の経験からファラデーがそのポストの適任者となった。

## 黒い球

ある意味で、デイヴィーはファラデーが研鑽を積むうえではまたとない人物だった。ヨーロッパをめぐる旅にもファラデーを連れて行ったので、彼は各地で高名な科学者と出会うことになった。もっとも、ファラデーが自分の立場を忘れることは決して許されず、デイヴィーの従者として、また科学助手として行動するよう求められていた。それでも、ファラデーは出世をつづけた。1821年に彼は、同じ宗派の非国教徒のサラ・バーナードと結婚し、2人で王立研究所の家族用の宿舎に移った。当時のファラデーは、おそらく堅実な仕事人だと考えられていただろう。派手なところがなく、創造力のほとばしりに身を任せるのでもなく、彼は自分の任務を丹念にこなしていた。ところが、デイヴィーは自分の元助手に敵意を示し始めた。

ファラデーは化学の研究をしていたが、デイヴィーから電磁気学として知られるようになる新しい画期的な分野を発展させるための計画を立てるよう依頼された。1831年の論文からもわかるように、ファラデーはヨーロッパの科学者たちが行なっていた実験について熟知していたので、1821年にかなりの時間をかけてそれらの結果を再現して、もっと情報を集める作業に乗りだした。この過程で、思いがけないことが起こった。先行研究から電磁気に物を引き付ける単純な力があることは示されていたが、ファラデーが永久磁石の隣に設置した導線に電気を流すと、導線が動いたのだ。自由に回転できるよう宙吊りにすると、導線は磁石の周囲で円を描き始めた。

これは電気と磁気に相互作用があることの劇的な兆候で、物理学の魅力的な事例であるだけでなく、実用面の可能性も秘めたものだった。すなわち、最も単純な形態の電気モーターだったのだ。ファラデーはデイヴィーの弟子なので、デイヴィーは先輩としてファラデーの成功を祝い、それを支援するためにあらゆる手を尽くしただろうと考える人もいるかもしれない。だが、代わりにデイヴィーは彼を非難した。

問題の根底には、社会的地位があったようだ。デイヴィーの友人のウィリアム・ウォラストンが、電流は流れる際に導線の周囲を螺旋状に進むという、それとは相容れない仮説を立てていたのだ。ウォラストンは、ファラデーの発見が自分の仮説をもとにして導いた直接的な結果だと確信し、アイデアを盗用した

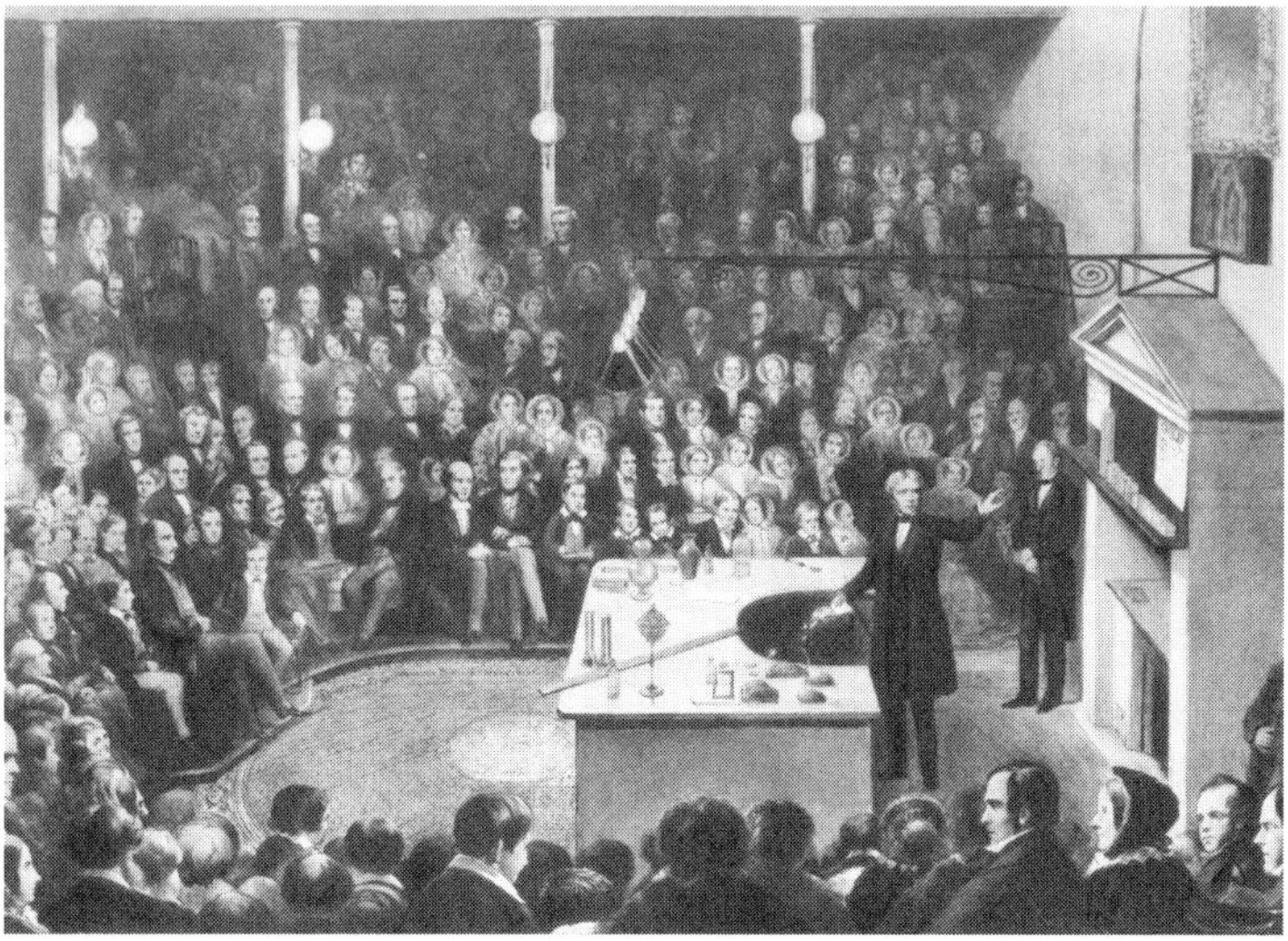

王立研究所でクリスマス講座を行なうファラデー

としてファラデーを非難したのである。デイヴィーはウォラストンを支持した。貧しい家の出にもかかわらず、デイヴィーはこのころには自分をウォラストンと同様の、支配層の一員と考えるようになっていたのだ。ファラデーは部外者として取り残された。師弟間の亀裂が本当に癒えることはなかった。1824年にファラデーが王立協会のフェローに推薦されると、秘密投票でただ1人だけ不賛成を意味する黒い球を入れた会員がいた。デイヴィーである。

## 電磁誘導の発表

ウォラストンの一件があってからしばらく、ファラデーは電磁気とは距離を置き、もともと好きだった化学の研究に戻って、王立研究所の運営に携わり、公開講座のプログラムを充実させた。金曜の夜の社交行事となった講話や、今日でもまだ人気のある若者のためのクリスマス講座などが、そこには含まれていた。しかし、アラゴの円板のような謎は、永久に放置するにはあまりにも魅力的であったため、ファラデーは1831年にこの分野に戻ってきた。

その年の8月に彼は、鎖の輪のような形をした鉄製の輪に左右から別々に、絶縁した導線をぐるぐる巻くと、双方を直接結びつけるものは何もないにもかかわらず、片方の導線に電流を流せば、もう一方にも電流を発生させられることを発見した。このいわゆる電磁誘導に関して心をそそられることは、新たに誘導された電流は一定に流れなかった点だった。最初の導線にスイッチが入ると、電流はつかの間、急激に流れ、その後は消滅した。同様に、スイッチを切ったときも、一瞬、急激に電流が流れた。

アンペールが示したように、電流には磁気作用があった。そのため、最初の導線に電流が送られたとき、そこからもう一方の導線に磁気作用が生じたのだ。磁力のレベルが変わることが、電流が誘導される結果となったようだった。これを試すために、ファラデーが永久磁石を導線のそばで動かしてみると、やはり電流は誘導された。彼の動く導線が電気モーターの予兆となったように、電磁誘導の実験は発電機つまりダイナモの基礎をつくることになった。

---

**ピールへの返答**

ファラデーが電磁誘導の発見を実演したとき、当時のイギリスの首相だったロバート・ピールがこの発見は何に利用できるのかと質問した。それにたいしファラデーはこう答えた。「私にはわかりませんが、いつの日かあなたの政府がそれに課税するようになることを私は請け合います」

この話が正確な実話かどうかはかなり疑わしい。ときには、これは首相ではなく、大蔵大臣のウィ

---

リアム・グラッドストンにたいして述べた言葉だとも言われたが、政治にたいする機転の利いた皮肉は、世俗的とはとうてい言えないファラデーの普段の性格からはかなりかけ離れているように思える。また、この引用には多様な形式があり、なかにはこんなものもある。「なんですと、閣下。これにたいして近々課税できるようになるかもしれませんよ」

ピールは1834年から1835年、および1841年から1846年に2度、首相を務め、グラッドストンが首相になったのは1852年以降のことだった。発電機が現代のような形で発明されたのは1866年のことだが、初期の発電機は1840年代には使われていた。となると、そのようなやりとりがあったとしても、ピールの第1回目の任期以外はなさそうだ。

発電機のこの経緯は、世界にとってファラデーの研究の重要性を確固たるものにし、彼の重要な論文のなかにすぐに登場することになるのだが、この研究から生まれたもう一つの別の概念もここでしばらく探究する価値がある。これはさほど直接的なかかわりがあるわけではないが、物理学の本質を様変わりさせるものになった。ファラデーが正規の教育を受けていなかったことを考えれば、驚くべき偉業だ。

磁石がどのように間接的に導線に影響を与えて電気を誘導するのかを説明しようと試みるなかで、ファラデーは力線の概念を思いついた。現在では「場」〔電場や磁場〕として知られるものの構成要素である。紙の上に鉄の削り屑を置いて、下から棒磁石を動かして遊んだことがある人ならば、鉄の破片が磁力で一方の極からもう一方の極まで延びる何本もの線を描いて集まる様子を目にしたことだろう。電磁石に通電すれば、傘を広げるように、これらの線がそれぞれの位置に展開するだろうとファラデーは想像した。その際に、それぞれの線は電流が誘導されている導線を横切るだろうと仮定された。そして、電磁石のスイッチを入れたり切ったりする、または永久磁石を移動するなどして、これらの力線が切断されることが、電流を誘導するのだとファラデーは主張した。

こうした力線が理論上で磁場・電場の概念へと発展を遂げた。宇宙空間のどの地点でも値をもち、その値が時間とともに変わる可能性のある現象だ。この「場」の概念が、現代の大半の物理学の中心にある。

これらの考えを頭のなかでめぐらせながら、ファラデーは11月のその木曜日に、職場ではなく、イギリスの上級科学組織である王立協会で考えをまとめた。

## 実証的研究　1831年のその日

ファラデーの論文「電気の実証的研究」は1831年11月24日に王立協会で口頭発表され、翌年、『フィロソフィカル・トランザクションズ』で発表された。この論文のなかで、ファラデーは電磁誘導の本質、つまり磁力から発電することについて詳しく述べ、いかにもヴィクトリア朝時代風に「物質の新しい電気的条件」と「アラゴの磁気現象」と表現したものに言及した。

電磁誘導、すなわち通電している一方の導線の近くにあって、直接には触れていないもう一方の導線に、電流を生じさせる能力が言及されたのは、これが最初ではなかった。しかし、ファラデーがここでなし遂げたのは、その時点まで周辺が探られただけの新しい分野を開いたことであり、発電と電気モーターというまるで新たな応用を可能にしたことだった。彼が述べたように、「ありふれた磁力から電気が得られるという期待から、私はたびたび心をかき立てられ、電流の誘導的効果を実証的に探究するようになったのである」。

ファラデーは一連の実験を系統的に聴衆に示し、自分が具体的にそれらをどう実施したのかを、たとえば次のように詳細に語った。「直径が20分の1インチ〔約1・3ミリ〕の銅の導線26フィート〔約7・9メートル〕ほどを、円筒形の木材の周囲に螺旋状に巻き、あいだに細い撚り糸を挟むことで螺旋の一巻き一巻きが触れないようにした。この螺旋をキャラコ〔綿生地〕で覆い、それから同様の方法で2本目の導線も巻いた。このようにして12重に螺旋を重ねたのだが、それぞれは平均して27フィート〔約8・2メートル〕の導線からなり、いずれも同じ方向に巻かれていた。これらの螺旋の1重目、3重目、5、7、9、11重目はそれぞれ末端部がつながっているため、一つの螺旋をなしている。残りも同様の形でつながっている。したがって、2本の主要な螺旋が互いに入れ違いに重なり、同じ方向に巻かれているが、どこも接触してはおらず、それぞれが155フィート〔約47メートル〕の長さの導線になっている」

一方の螺旋は検流計、つまり電流が存在するかどうかを測定する計器につながれ、もう一方は電池に接続されていた。この場合、前者には何ら動きはなく、ファラデーの表現を借りれば、「検流計の針はごくわずかな振れすら観察されなかった」。だが、彼は諦めず、電池のスイッチを入れたり切ったりした際に検流計の回路にわずかな影響が出ることに気づいた。また、ジグザグ状の導線に通電して、検流計が接続された同様の別の回路に近づけたり、遠ざけたりした場合には、ずっと大きな動きが生じた。動きを止めると、検流計の振れも▼2止まった。

ファラデーが「舌でも、火花でも、細い導線や木炭を熱しても何ら証拠は」見つからなかったと述べたのは、この当時いかに、電気に一貫した性質があることが不確かであったかを物語っている。それに関して言えば、誘導電流によって化学的な影響が生じたという証拠もなかった。誘導電流が液体のなかを通過できないとすれば、静電気とは異なる形態の電気であることが示唆されるが、そうではなく、「この影響の欠如」は、おそらく継続期間が短く微弱だからだろうと、彼は述べた。

同様に、彼は「通常の電気」を使った実験も試みた。このときも、ライデン瓶という、電荷をためておく手段を利用した静電気が使われた。これはいまならコンデンサ〔蓄電器〕と呼ばれるものの簡易装置である。電池のように一定した電流を生みだす代わりに、ライデン瓶は1回だけの急激な電流サージを生じさせる。ファラデーが指摘したように、電流がどこで始まって、どこで終わるか、双方の効果を区別することは不可能に近かった。この場合もやはり、そのような「通常の電気」と「ボルタ電気」と呼ばれるもの、つまり電池からの電気が同じもので、ただ違う形で作用するのかは、まだ定かではなかった。

## 念入りな探究

ファラデーはその後、「磁気からの電気の進化」を検討することにした。すでに電磁石として判明していたものから考えれば、実験の第1段階からの自然な手順だった。導線を使って別の導線に作用させる代わりに、彼は導線を鉄の輪の周囲に巻いて、それ自体を電磁石に変えてみた。この電磁石もまた、スイッチを入れたり切ったりすると、瞬間的に誘導電流を発生させた。彼はそこで「通常の磁石」、つまり単純な棒磁石で同様の効果を生じさせてみた。

いま論文を読んでみると、ファラデーの念入りな根気強さがよくわかる。配置や材料をあれこれ変えて実験に実験を、合計で100回以上も重ねていた。彼はその後、「電気緊張《エレクトロトニック》」状態と呼ぶ状況を説明しようとして、行き止まりの道を進むはめになった。誘導を受ける導線内の物質を特殊な状態にする理論である。もっとも、彼は脚注で、「これらの現象を支配する法則をのちに調べたところ、後者は電気緊張状態だと認めなくとも十分に説明がつくという考えに誘導［洒落のつもりか?］された」。彼は後日、その概念を放棄し、別の状態だと感じたものは、磁力線の作用を反映したものに過ぎなかったことに気づいていた。

最終的に、ファラデーは誘導の概念を使って、前述したアラゴの「磁気現象」で何が生じていたかを説明した。銅は磁性材料でないにもかかわらず、銅の円板が磁石を引き寄せていたものだ。ファラデーは磁石と円板の相対的な動きが銅に電流を誘導し、それが電磁効果を帯びたことに気づいたのだ。論文を読むと、たとえば次のように、その詳細がやはり見えてくる。

検流計は簡素なものだが、十分に精密に電流を表示できるものにした。導線には絹で覆った銅線を使い、16回または18回螺旋状に巻いた。2本の縫い針を磁化して、半インチ〔約1・3センチ〕ほど間隔を空けて乾燥した草の茎に並行に、ただし互い違いの方向に突き通した。この装置を生糸で吊るして下側の針を螺旋状の導線の隙間に位置させ、上側の針がその上方にくるようにした。

ファラデーの論文は彼の研究方法と、細部にわたる緻密な実験によって難題に取り組む能力を垣間見せてくれる。しかし、これは新しい世界の幕開けを記すものでもあった。電気がただの余興から日常の動力源に変貌を遂げた世界である。ファラデーがこの論文を口頭発表したときは、ガス灯のもとで読んでいたことだろう。数十年後には、誘導効果によって発生させた電気が世界を征服することになった。

翌年には、ファラデーは同僚たちと原始的な発電機を製作していた。実用的な電気モーターが最初に実演されたのと同年のことだ。電車は1837年に早くも試運転が行なわれたが、これは電池で動くものだった。電車が商業的に利用できるようになるまでにはさらに数十年を要し、1870年代に入ってからのことだった。発電機による電気アーク照明もやはり1870年代に導入され、まもなく白熱電球がそれにつづいた。

## ファラデーの人物像

ファラデーの生涯のあいだに、科学者の役割は才能のある素人の領域から専門の職業へと変わっていった。「科学者《サイエンティスト》」という言葉そのものが登場したのは、彼が論文を発表してから3年後のことだった。当時の彼は自然哲学者として知られていただろう。この用語はある意味で、ファラデーのような人びとはその呼び名にふさわしくないと「本物」の哲学者が感じていたために取って代わられることになった。

ファラデーは大学教育を受けていなかったし、今日の物理学者の研究が数学中心となりがちであるのにたいし、彼自身は算術以上のものを利用することはめったになかった。ニュートンは数学に頼ることが多かったが、これはかならずしも驚くべきことではない。ニュートンは自分を数学者だと考えていたからだ。ファラデーの時代のほかの物理学者たちは、学歴は高かったかもしれないが、その多くは数学を学んだ経験があまりなかった。ジェームズ・クラーク・マクスウェル（「4日目」を参照）が1860年代に電磁気に関する純粋に数学的な研究を発表したとき、当時の指導的立場にいたウィリアム・トムソン（ケルヴィン卿）のような人を含め、多くがそれを理解するのに苦しんでいると認めていた。

ファラデーは、聖書の文字どおりの解釈を含め、信仰を強くもちつづけた。人前で話をする経験は積んでいたが、社交の場は避けることが多く（もっとも彼は演奏会や観劇は楽しんでいた）、家族とともに過ごすほうを好んでいた。彼は初期の自転車であるベロシペードは愛用していたようだ。ファラデーは温厚で親切な人だと見なされていたが、王立研究所で彼の後任となったジョン・ティンダルは、彼をからかわないことが肝心だと指摘していた。「優しさや穏やかさの下には、火山のような熱さがあった。彼は興奮しやすく、激しい気質の人物だった。だが、強い自制心によってその火を、無駄な情熱に浪費させる代わりに、中心となって輝く、人生の原動力に変えていた」

## 暮らしを一変させたもの

### 発電機

1831年の論文からすぐに開発されたのは、電流を生みだす装置だった。当初、これは磁場のなかで巻線《コイル》にした導線が回転して、電流を誘導するダイナモだった。のちに、交流電源が一般的になり、20世紀初期以来、電力網からの電気の主要な利用方法となった交流電流（AC）を発生させるようになった。発電機には通常、動く磁石と静止した巻線が用いられるようになるが、それでもこれはファラデーの発見にもとづくものだ。

## 変圧器

交流電流が好まれるようになった理由の一つは、電圧を上げたり下げたりする変圧器では、つねに同じ方向に流れる直流よりも、このタイプの電流を生みだすほうがずっと簡単だからだ。交流電流はつねに変わるため、そのような電流を伝える巻線は、別の巻線に絶えず電流を誘導しつづける。双方の巻線の巻数を変えれば、異なる電圧を生みだすことができるのだ。こうしたことはいずれもファラデーの発見による。

## ワイヤレス充電

スマートフォンや電動歯ブラシなど、電池で動く機器は、ますますプラグを差し込まなくても、ワイヤレス充電器の上に置くだけで、充電されるようになってきた。そのような充電器は機器のなかにある巻線に電流を誘導する。これもまたファラデーの発見にもとづくものだ。

## 注

▼1　磁石はロードストーン（loadstone または lodestone）と呼ばれていた。「Lode」は古英語で道または行き先を指す言葉だったので、ロードストーンは羅針盤の針に使われて行き先を指していた。

▼2　これは見慣れない道具ではなく、文字どおりのものである。人間の舌は電流にかなり敏感である。

DAY 3

# Monday, 18 February 1850

*Rudolf Clausius – Publication of 'On the Moving Force of Heat'*

【3日目】

# 1850年2月18日(月)

## ルドルフ・クラウジウス

——「熱の動力について」の発表

## クラウジウスの略歴

物理学者で数学者
功績——熱力学とエントロピー

1822年1月2日　プロイセンのケスリーン（現ポーランド、コシャリン）生まれ
学歴——ベルリン大学およびハレ大学
1850～1855年　ベルリンで物理学教授
1855～1867年　チューリッヒのETH（チューリッヒ工科大学）で物理学教授
1859年　アーデルハイト・リンパムと結婚
1867～1869年　ヴュルツブルクで物理学教授
1869～1888年　ボンで物理学教授
1870年　普仏戦争で衛生隊を組織。戦闘で負傷
1886年　ゾフィー・ザックと結婚
1888年8月24日　プロイセンのボンにて66歳で死去

ニュートンほど馴染みのある人物ではないかもしれないが、ドイツの物理学者ルドルフ・クラウジウスはそれでも、熱力学の科学の発展に寄与した主要な人物である。この日、熱力学第2法則を確立することになる彼の論文が、プロイセン科学アカデミーで口頭発表された。この法則は熱の流れと、熱によって動く機関の働きを理解するうえで基本となる。第2法則は時間の経過の概念を後押しする自然の側面であるとすら考えられている。クラウジウスは、世界各地で利用されている法則を考えだした人として、その名がもっと知られてしかるべき科学者だ。

## 1850年という年

この年、いくつかのお馴染みの名称が正式に決まった。アメリカン・エキスプレスが創立され、カリフォルニアがアメリカの州として認められてまもなく、ロサンゼルスとサンフランシスコが都市としてそこに組み込まれることになった。詩人のウィリアム・ワーズワースが他界し、『宝島』のロバート・ルイス・スティーヴンソンが生まれ、アメリカの副大統領ミラード・フィルモアが、ザカリー・テイラーの死去に伴って第13代大統領に就任した。オーストラリアには、この国最初の大学、シドニー大学が誕生した。

## 熱の謎

20世紀以前の物理学者はたいがい皆そうだったが、ルドルフ・クラウジウスも1つのテーマだけに専念していたわけではない。彼の初期の研究は空の色に関するものだった。あいにく彼が選んだ手法は、日中の青空と沈む夕日の周辺の赤さは、反射と屈折によると想定したもので、これは間違った考えだった。正しい説明がなされるようになるのは1899年になってからで、ジョン・ストラット(レイリー卿)が、光は大気中の分子によって散乱されており、青い光は大気中の気体との相互作用で進路を外れやすいことを示したのである。青い光はそのため空全体に広がり、光のスペクトルの赤側に近い光は太陽の近くにとどまる。日の出と日没時には、太陽光が低い位置から射し込むため、通常より多くの大気を通過してくることでその傾向がとくに高まる。

クラウジウスが次に取り組んだ分野もたまたま、生じている現象を誤解していたために、不正確なモデルを考える結果に終わった。ただしこのときは、無効とされた理論がそれでも、役に立つ結論を導くことになった。18世紀には、熱は目に見えず、無形の流体が熱い物体から冷たい物体へ流れるものなのだと広く受け止められていた。フランスの化学者アントワーヌ・ラヴォワジエによって「熱素《カロリック》」と名づけられたこの流体は、保存されるのだと考えられていた。生みだされたり損なわれたりせず、物質同士が接触すると、一方から他方へ流れると考えられていたのだ。

熱力学の科学——熱の流れの研究——は、フランスの工学者サディ・カルノーが事実上始めたもので、これはますます重要になっていた蒸気機関の効率的な働きを理解するうえで欠かせないものだった。カルノーは、クラウジウスが生まれてまもない1824年に、『火の動力についての考察』を書いていた。これは蒸気機関の働きは、熱い物体から冷たい物体へカロリックが移動することによるものだと説明する書だった。

残念ながら、カルノーは１８３２年に36歳で早死にし、彼の本は広く読まれることはなかったが、１８３４年にやはりフランスの工学者のエミール・クラペロン〔クラペイロン〕によって、カルノーの考えは広まった。しかしそのころには、カルノーが考えの根拠に用いたカロリック説は不評になり始めていた。

カロリックにたいする最初の攻撃は、１７９８年のカルノーの書よりもだいぶ以前に、ランフォード伯がその性質を試す実験を行なった際のものだった。ランフォードは華やかな人物だった。アメリカ生まれのイギリス人で、イギリスでナイトに叙され、のちにバイエルンで研究が認められて、神聖ローマ帝国の伯爵になった。この地で大砲の鋳造を視察したことから、彼はカロリックの存在に疑念をいだくようになった。

大砲の砲身は金属の円柱の塊を中ぐり盤でくりぬく方法で製造されていた。ドリルのビットを使用後に触った人なら誰もが知るように、穴をくりぬく工程ではドリルと材料のあいだで摩擦が生じた結果、かなりの量の熱が発生する。ランフォードはとりわけ切れ味の悪いビットを使って水に浸した砲身に穴を開け、水温の上昇を測定してみたところ、水は強い摩擦によって沸点にまで上がった。

カロリックは物質内に含まれ、理論的には保存されるものと想定されていたことを念頭に置けば、砲身を掘削しつづければ、結果的に大砲のカロリックは枯渇するはずだった。ところが、ランフォードはカロリックとされるものは無尽蔵らしいことを発見した。掘削しつづける限り、熱が発生していたのである。熱は何らかの形で運動と結びついていて、摩擦によって生じるのだとランフォードは推測した。彼の研究は別のタイプの物理学者によって引き継がれた。マンチェスターを拠点とする醸造業者のジェームズ・ジュールである。

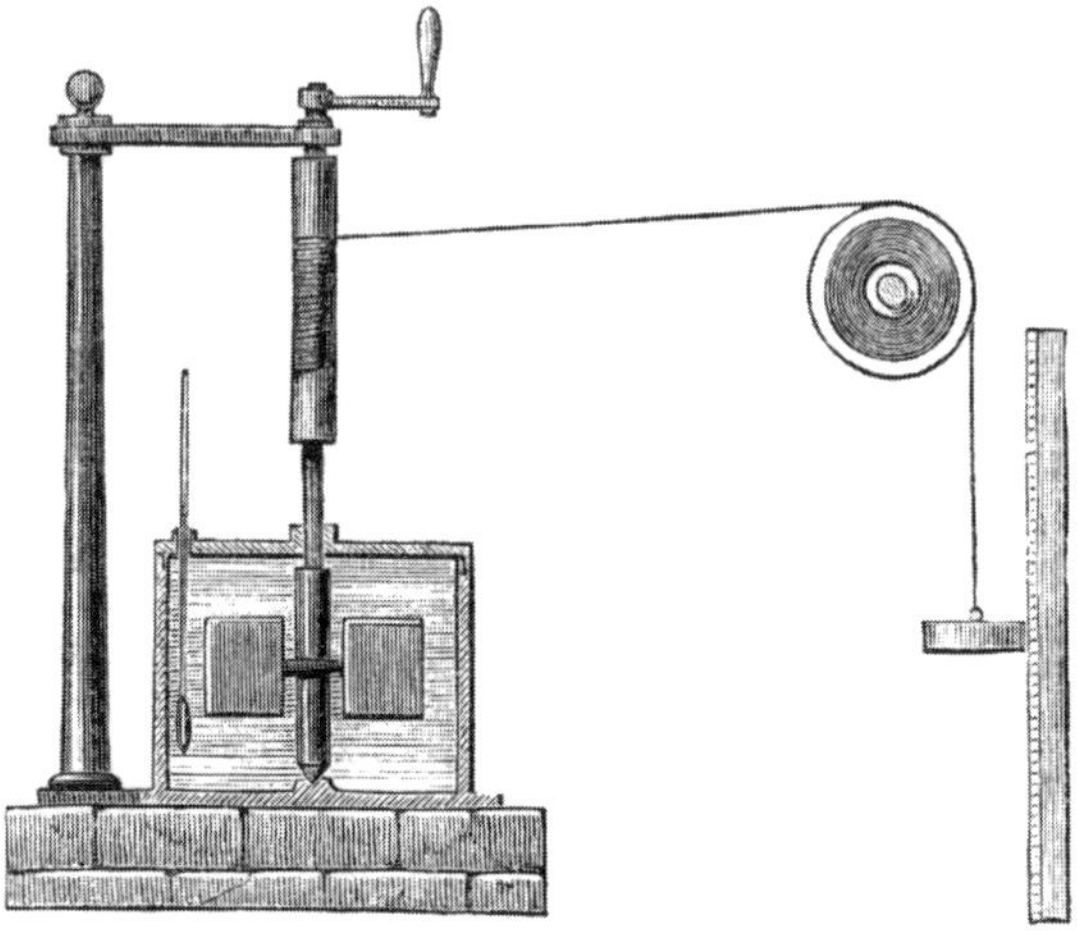

ジュールのパドル装置

ジュールは、一家の醸造所の動力を蒸気機関からファラデーの電気モーターに移行すれば、技術的に改善する余地があるのかどうかに関心があり、電気によって発生する熱と、機械を動かすことで発生する熱を測定し、さまざまな装置を使って関係を数値化した。その一つは落下する錘《おもり》と水の入った容器内で回転するパドルを結びつける実験で、そこで生じた水温の上昇を測るものだった。

1840年代末には、熱はエネルギーの一つの形態であることが明らかになりつつあった。そして、実在しないカロリックではなくエネルギーこそが、保存されていたことがわかってきたのである。

## カロリックと訣別　1850年のその日

カロリックはランフォードやジュールなどの研究によって風前の灯火となっていたが、1850年にクラウジウスの「熱の動力について」の論文が発表されたことで、完全に葬り去られた。カロリックはそれ自体が物質であると考えられていたので、カルノーをはじめとするカロリック説の擁護者は、物質内の熱が物質そのものの性質を反映しているのだと考えていた。クラウジウスはこれを一蹴し、熱から生みだすことのできる最大の仕事量は、単にそれにかかわる熱源の絶対温度に左右されることを明らかにした。使用される材料の種類には、何ら影響されなかったのである。

---

**熱源**

蒸気機関のような単純な熱機関を考えたとき、燃料を燃やして水を沸騰させることで放出されるエネルギーをそれが利用しているのだと考えるのは容易だ。しかし、この全体像には熱機関に欠かせない部分、つまり低温の部分が欠けている。熱機関は熱を高温部から低温部へ移動させることで動く。「コールド・シンク」としばしば呼ばれる後者が、その過程で役割をはたしている。

たとえば蒸気機関では、膨張する蒸気によってピストンが一方向に押しだされるが、その後戻らなければならず、これは冷えた結果として戻るのである。蒸気機関ではこれを、蒸気を大気中に放出するか、凝縮器を用いることでなし遂げている。凝縮器は冷却水のジャケットのような単純なものでも構わない。コールド・シンクの役割をはたすために使われる大規模な凝縮器の一例には、発電所で蒸気タービンに使われた水を冷やすために使われる冷却塔がある。

クラウジウスは、カルノーの研究にもとづきながらも、カロリックを必要とせず、高温と低温の熱源のあいだの絶対温度（マイナス273・15℃［マイナス459・67°F］の絶対零度以上の温度）の違いだけが、熱機関で実現可能な最大効率を決めることを証明したのである。

---

1850年の論文でクラウジウスがカロリック説に与えた打撃は、これだけではなかった。この理論のもう一つの必要条件は、システム内では熱が保存されるということだった。カロリックは生みだしたり消滅させたりできるものではなく、ただある場所から別の場所へ流れるものとされていた。ランフォードとジュールが示していたように、これは正しくはなかったので、クラウジウスは代わりに熱力学第1法則を構築して、熱によって仕事が行なわれるとき、熱は仕事に変換されるのだと考えた。保存されるのは熱ではなく、エネルギーなのだ。エネルギーは、ジュールが実証したように、一つのタイプから別のタイプに変換できるが、その全体量は変わらない（1905年に、本書の「6日目」で検討する論文が書かれたころには、この法則ですら単純化し過ぎていたことが明らかになった。保存されるのはエネルギーではなく、質量エネルギーなのだ。熱と仕事が相互に転換可能であることが示されたように、物質とエネルギーもまた転換することができる）。

この論文が書かれた時期に、クラウジウスが確固たる地位を築いた物理学教授ではなく、世界的に知られる存在でもなかったことに気づくことは重要だ。彼が博士号を取得したのは1848年の夏になってからで、これは空の色がなぜ青く、日没時は赤くなるかを間違って説明していたせいだった。クラウジウスはまだハレ大学に在学中で、博士号を取ってからまもない時期に、熱に関する理論を打ち立てることになった。その論文を書いた結果、彼はベルリンの王立砲工学校の教授として初めて主要な教員職に就くことができ、ベルリン大学でも教えられるようになった。

## 第2法則

熱力学第2法則は、熱の動力に関するクラウジウスの論文で初めて明確に述べられている。これは一見すると単純なようでいて、現実には予想する以上に大きな意味をもつ事柄の一つだ。熱はクラウジウスの得意分野になり、その名称からわかるように、第2法則は熱の運動（力学）に関するものである。クラウジウスが第2法則を表現した方法は、次のようなものだった。「熱が低温の物体から高温の物体に移動するには、同時に何か関連した別の変化が起こらなければならない」

クラウジウスの時代以来、ほかにも2つの法則が追加された。第零法則（そう呼ばれたのは、第1法則より厳密にはさらに基本的であるからだ）は1930年代のもので、次のように述べることで、抜け穴となる可能性のあるものを事実上、埋めるものだった。すなわち、2つの系が、3つ目の系と熱平衡であれば（両者間に差し引きした熱の流れがなければ）、3つの系は互いに熱平衡である、というものだ。さらに、20世紀初期に追加された第3法則は、自然界ではありえそうにない状況を扱うもので、物体の温度を限られたステップで絶対零度まで下げることは不可能であると、実質的に述べるものだった。

一見すると、第2法則は些細なもののように思われる。確かに、熱は高温の物体から低温の物体へ移動するのであって、その逆ではないのではないか？　だが、物理学では、明白に思われることや、常識的な見解は、かならずしも正しいわけではなく、つねに証明する必要がある。一つの明白な問題は、冷蔵庫の存在が示すものだ。冷蔵庫は低温の内部の熱を取りだして、温度の高い周囲の部屋に放出する。法則のなかで予測されていることとは正反対なのである。

だが、第2法則が当てはまるのは、系のなかに何らエネルギーが入り込まない場合なのだ。冷蔵庫は自然発生的に熱を低温から高温の場所へ移動させるわけではない。それが起こるにはエネルギーが必要となる。系のなかにエネルギーを入れられれば、そのような熱交換器を動かすことは完全に可能になる。外部からのエネルギー源が第2法則（この先で説明するエントロピーの形での）の逆転を引き起こすもう一つの状態は、外からのエネルギー源である太陽がエネルギーを注ぐときである。

## エントロピーを送り込む

第2法則の当初の定義は、熱移動に関することばかりだったが、それ以上のものが関与していると最初に気づいたのはクラウジウスだった。彼がエントロピーと名づけたものだ。その名称を付けた意図は、「エネルギー」という言葉との関連を示すためだった。エネルギーが物体の仕事含量《ワーク・コンテント》を表わすものであることをクラウジウスが理解していたように、エントロピーは「トランスフォーメーション・コンテント（変換含量）」と彼が呼ぶことにしたものを表わしていた。

クラウジウスが検討していたのは、サディ・カルノーにまでさかのぼる概念だった。熱が仕事に変換されるとき、一部の熱は役立つ生産物を生みだすことなく、周囲の環境に失われてしまうということだ。100％効率よく働く機械はありえないのである。仕事含量と変換含量のあいだで、クラウジウスが念頭に置いていたものは、熱量の一部は仕事を生みだすが、その他は変換プロセスのなかで使われてしまうということだった。

1850年代を通じて彼はこの概念を突き詰め、1862年についに、エントロピーにもとづく第2法則の最初の案を考えついた。そこでは、系における変換の総和（エントロピーの変化）は正の値にしかならず、最低でもゼロになると彼は述べた。言葉を換えれば、閉じた系のなかのエントロピーは同じであるか、増大すると考えられるのである。

ある意味で、第2法則をクラウジウスが導入したのは、時代を先駆けたものだった。熱が物体の各要素の運動エネルギーと関連することは彼も気づいていたが、同時代の一部の若手研究者ほどクラウジウスがこれに関して深く追究することはなかった。1870年代になってようやく、ルートヴィヒ・ボルツマンとジェームズ・クラーク・マクスウェルが提唱した統計力学的な見地から、エントロピーが実際には何であるかが明らかになった。この考え方では、系のなかの熱は、物質内の粒子のエネルギーの総和であると見なされていた。そのため、たとえば気体の入った容器内ならば、その熱は気体分子が容器内をどれだけ高速で動き回ったかを示す結果なのである。分子には動き回る運動エネルギーがあり、それがどれだけの熱となるかを決めていたのである。

この明快な観点によって、エントロピーは系の要素をまとめる多数の方法の尺度に変わった。その方法がたくさんあればあるほど、エントロピーは高くなる。このことが第2法則にどう結びつくかは、温度差のある2つの気体を容器に入れ、双方を仕切りによって分ける単純な装置からわかるのだった。

この装置には相対的な秩序がある。個々の気体分子はもちろん、それぞれの容器内部のさまざまな場所に存在できるのだが、たとえば、高速で動く分子はいずれも左側の容器内にあって、右側の容器ではどの分子もゆっくりと動いているとする。だが、2つの容器のあいだの仕切りを外して、気体分子が双方の容器内を自由に行き来できるようにすると、時間が経つにつれて、それぞれの容器内に高温の分子と低温の分子が入り交じることが予測される。一方に高温の分子があり、もう一方に低温の分子がある場合と比べて、分子が混合している場合にはずっと多くの配置の仕方がある。したがって、エントロピーは増大したのである。

古い熱力学の用語では、熱は高温の容器から低温の容器に移動したことになる。だが、このプロセスが逆方向に働くには、高温の分子が自発的に一方向へ向かい、低温の分子はその反対方向へ動くことになり、熱が低温の容器から高温の容器に移動したという考えにくい結果になる。これは大規模には起こりえない。

だが、クラウジウスには都合が悪かったはずの点にも留意しよう。この新しい定式化では、第2法則は絶対的なものではなく、統計的なものになった。確実なものではなく、ほぼ間違いないことになってしまったのだ。常識的に考えられる状況であれば、エントロピーは同じであるか増大すると想定できたが、エントロピーは自然発生的に減ることもありうるのだ。これは不自然なことに感じられる。エントロピーが系のなかの無秩序の尺度であることを思えば、これではまるで割れた卵が、みずから元に戻るような事態を予期するようなものだ。それでも、時間が十分に経てば、統計的にはエントロピーが自然発生的に減るようなケースもときには生じるだろう。もっとも、小さな容器内の気体にすら、じつに多くの分子があるので、ごくわずかな減少がつかの間生じたとしても、それには何十億年とかかるだろう。

## マクスウェルの悪魔

熱力学第2法則の統計学的な本質は、スコットランドの物理学者ジェームズ・クラーク・マクスウェルによって巧みに表現された。「マクスウェルの悪魔」と呼ばれるようになった想像上の存在を利用したものである。

先ほどと同様に、気体の入った2つの容器を使って実験を行なうが、双方とも同じ温度で始める。現実には、すべての分子が同じ速度で動くわけではない。一部の分子は素早く動くし、ゆっくりと動くものもある。同温であるというのは、それぞれの容器内の分子の平均速度が同じであることを意味する。この2つの容器のあいだにドアを開閉する任務を帯びた小さな存在を置いてみたらどうなるかと、マクスウェルは想像した。高速の分子が左から右へ向かっている場合には、この小さな悪魔はドアを開けて、その分子を通過させる。右から左へゆっくりと向かう分子がいた場合にも、同様のことが起こる。だが、その他の分子はドアを通過させてもらえない。

その結果、熱は低温から高温へ移動することになる。暑い側はより暑くなり、寒い側はより寒くなる。しかし、系にたいして何らかの仕事がなされるのではない（ドアは摩擦がないものとする）。このことは第2法則には矛盾するように思われる。現実には、これはむしろこの法則の統計学的な本質を描写したものなのだ。悪魔にはそのような仕事はできないことを証明するために、長年のあいだ多様な試みがなされてきたが、この概念はまだ完全に反証されてはいない。悪魔は第2法則の余興でありつづけている。

## クラウジウスの人物像

大家族で育ったクラウジウスは、父親の学校（クラウジウスの父は学校長で教会の牧師だった）で教育を受けたのちに、シュテティン・ギムナジウム（高校）に進学した。ベルリン大学に入学した際に、彼が最初に関心をいだいたのは歴史学だったが、どんどん数学と物理学に惹かれるようになり、卒業後は物理学の教職に就くようになった。

当初、光に関して不正確な研究をしたのち、1850年に書いた論文がクラウジウスの最初の主要な著作となったが、これは彼の最も有名な論文でありつづける。彼は1870年代なかばまで熱に関する研究をつづけ、その後、関心を電磁気学に向けた。彼の研究は、1870年から1871年にかけて普仏戦争で中断された。すでに50歳に近い年齢だったが、クラウジウスはボン大学から学生衛生隊を率いて従軍して戦場で負傷し、のちに鉄十字勲章を受章した。

クラウジウスは2度結婚している。最初の妻アーデルハイトは、1875年にクラウジウスの7人の子供のうち第6子のお産で亡くなった（成人するまで生きたのは4人だけだった）。彼は1886年にゾフィーと再婚した。クラウジウスは意思強固な研究者で、死の床にあってもまだ学術研究をつづけていたと言われる。

戦争を支持したクラウジウスの愛国心は、ときには科学の国際協力の利点を彼が見落とすことにもつながったようだ。ドイツ人同胞であるユリウス・フォン・マイヤーよりも先にジュールが（熱の仕事当量の値の求め方を〕発見したことにクラウジウスは腹を立てたほか、スコットランドの物理学者ジェームズ・クラーク・マクスウェルの熱の研究の独創性に疑義を呈した。マクスウェルは、自分の研究のなかでクラウジウスが書いた論文にもとづいた部分を認めることに関しては、良心的であったのだが。それでも、クラウジウスは1868年にロンドンの王立協会の会員《フェロー》に選出されたことは、喜んで受け入れていた。

## 暮らしを一変させたもの

### 内燃機関

21世紀なかばには内燃機関はほぼ姿を消している可能性が高いが、100年以上にわたって、これは技術文明の発展の推進に欠かせないものだった。1870年代に作業装置として開発された内燃機関は、ガソリンかディーゼルによって動き、蒸気機関とは非常に異なるものに見えたかもしれないが、どちらも熱機関であり、クラウジウスが熱の発生を動力に変えることで先駆けた物理学を利用したものだ。

### 発電所

英語という言語は、エネルギーや動力《パワー》に関してはとりわけ欠陥のある言葉だ。エネルギーを発生させる場所をパワー・ステーション〔日本語では発電所〕と呼ぶが、現実には、パワー・ステーションはエネルギーを一つの形態から別の形態に変換する仕組みであり、熱力学第1法則と第2法則に則したものだ。原子力は別として、発電所で使用されるほぼすべてのエネルギーは、光としての太陽に端を発するものであり、それがいくつかの段階を経て電気に変換されている(化石燃料を燃やす火力発電所ですら、植物に化学エネルギーとして貯蔵された光エネルギーを利用しているのであり、それが燃焼によって放出されて熱になり、それが発電機を動かして電気を生みだしている)。

## 暖房システム

暖房はじつに基本的な必需品であるため、これもやはり熱力学のプロセスであることはなかなか思いださない。最も基本となるのは火を焚くことで得られるものだ。その暖房システムに関係する第1法則は、エネルギーを一つの形態から別の形態に変換することに多くは関連するが、ラジエーターなどの装置を周囲の空気よりも高温にすることで、第2法則によって熱はラジエーターから室内に移動するようになる。

## 冷蔵庫とエアコン

冷蔵庫とエア・コンディショナーは、熱力学第2法則が働いている典型的な実例である。これらは実質的にはヒートポンプであり、熱を一ヵ所(冷蔵庫内や室内)から別の場所へ移動させている。エアコンは一般には熱を屋外に移動させ、冷蔵庫は背面にラジエーターがあって、熱を室内に排出している。これが可能となるのはひとえに、通常は電気によって、装置内にエネルギーが送り込まれているからである。

DAY 4

# Monday, 11 March 1861

*James Clerk Maxwell – Publication of 'On Physical Lines of Force'*

【4日目】

# 1861年3月11日(月)

## ジェームズ・クラーク・マクスウェル

――「物理的力線について」の発表

**マクスウェルの略歴**

物理学者
功績——色彩理論、気体分子運動論、および電磁気

1831年6月13日　スコットランドのエディンバラ生まれ
学歴——エディンバラ大学とケンブリッジ大学
1855年　ケンブリッジのトリニティ・カレッジの特別研究員《フェロー》
1856年　ダムフリース・アンド・ギャロウェイのグレンレアの地所を相続
1856～1860年　アバディーンのマリシャル・カレッジで自然哲学教授
1858年　キャサリン・デュワーと結婚
1860～65年　ロンドンのキングズ・カレッジで自然哲学教授
1871～1879年　ケンブリッジ大学で実験物理学のキャヴェンディッシュ教授
1879年11月5日　イギリスのケンブリッジにて48歳で死去

スコットランドの科学者ジェームズ・クラーク・マクスウェルは、色覚から気体分子運動論まで、幅広い関心をもっていた人だった。現代の世界に彼がもたらした最大の貢献は、電気と磁気を一連の方程式でまとめたことだ。それがその後の電磁気力応用の原動力となり、電波の存在を予測するものとなった。彼は電磁気学に関する進んだ考えを、この日、世界に向けて明らかにした。いまでは電磁気力を理解するうえで中心となるもろもろの考えである。リチャード・ファインマンが次のように言ったのは、それだけの理由があったのだ。「人類の歴史を長い目で見れば、たとえばいまから1000年後から見れば、19世紀の最も重要な出来事がマクスウェルの電気力学の発見だと判断されることは、まず疑いない」。温厚で親切な人柄で、ひときわユーモアのセンスがあったマクスウェルは、大半の人が一度もその名前を聞いたこともない最も偉大な物理学者だった。

## 1861年という年

カンザスがアメリカの第34番目の州になってすぐのちに、エイブラハム・リンカンが第16代合衆国大統領に選出されたのにつづいて、1861年には南北戦争が勃発した。イタリアでは1871年に再統一が成し遂げられる前にイタリア王国の成立が宣言された。世界初の完全な甲鉄艦であるイギリス海軍のウォーリア号が就役し、ワシントン大学が創設された。この年、評価の分かれる教育者のルドルフ・シュタイナーや、軍人のエドマンド・アレンビーとマクシミリアン・フォン・シュペー、アイスランド初代首相のハンネス・ハフスタイン、映画製作者の先駆けとなったジョルジュ・メリエスが誕生した一方で、プロイセンのフリードリヒ・ヴィルヘルム4世、詩人のエリザベス・バレット・ブラウニング、鉄砲工のエリファレット・レミントン、ヴィクトリア女王の夫のアルバート公が死去した。

## 類推《アナロジー》の力

本書の「2日目」で、ファラデーによる電磁気に関する記述的理論の誕生を見てきたが、マクスウェルはこの現象をさらに深くまで明らかにした。それでも、電場・磁場に関するファラデーの概念は現代物理学にとって絶対的な中心にあり、重要なことに、その概念こそが、マクスウェルに1861年の論文を思いつかせるきっかけとなった。ファラデーの力線は、この論文の題名にも登場する。マクスウェルの論文は現代の電磁気装置の基礎を築いただけではない。それによってマクスウェルは光とは何であるかも、それがラジオ、レーダー、電子レンジなど、電磁波にもとづくさまざまな技術を可能にすることも理解できるようになった。

ジェームズ・クラーク・マクスウェルは今日では天才のように考えられているかもしれない。現代の物理学者なら、おそらく博士課程を修了したばかりのような年齢の25歳で、自然哲学（いまなら科学と呼ばれるものの最も一般的な名称）の教授になった。それでも当時は、そのような急速な昇進も先例のないことではなかった。成人してからのマクスウェルの終生の親友でありつづけた2人、ウィリアム・トムソンとピーター・テイトは、さらに若くして教授に就任した。トムソンは若干22歳でグラスゴー大学の自然哲学教授となり、テイトは23歳のときベルファストのクイーンズ・カレッジで数学教授になった。

ファラデーとは異なり、マクスウェルは恵まれた家庭で育った。家族が所有する地方の地所で育った彼は、最高の大学に進学した。この地所を相続したときには、その経営に専念することもできた。だが、万物の仕組みを知ることの魅力は捨て難く、彼には数学と現実の世界のあいだの関係を直感的に把握する能力があることも明らかになっていた。

マクスウェルには、研究生活を通じてたびたび戻っていった関心事がいくつもあった。当時、なかでも広く知られていたのは統計力学に関する彼の研究だった。たとえば、多くの分子の一体化した動きが、気体のふるまいを予測するのにどう利用できるかを示すものだ。そしてこれは、前章で見てきた熱力学第2法則を理解するうえでも役立つものだった。しかし、今日の視点に立てば、マクスウェルをこれほど優れた物理学者にしたのは、疑いなく彼の電磁気に関する研究だった。

1855年の暮れに書かれ、1856年に発表されたこのテーマについての最初の論文で、マクスウェルは自分の概念がどこから得たものかを明確にしていた。この論文は「ファラデーの力線について」と題されていたのだ。そのなかでマクスウェルはこう述べる。「物理学の理論を採用せずに、物理学的アイデアを思いつくには、物理学の類推《アナロジー》の存在に慣れ親しまなければならない」。こう述べることで彼が意味したのは、物理学の法則には往々にして似通ったものがあるようなので、理解できない現象があっても、すでにわかっている事実にたとえることで、少なくとも部分的にそれを説明することは可能かもしれない、ということだ。

## モデルを構築する

マクスウェルの「物理学的な類推」は、モデリングと呼ばれる手法へなかば踏みだしたものだった。科学的な意味でのモデリングは、通常は現実を単純化したものをつくることを指す。たとえば、マクスウェル自身は土星の環の成分の相互作用を理解しようとして模型《モデル》を組み立てている。しかし、マクスウェルの考える類推は、流体の流れや機械的構造のような、既知のシステムで研究されている分野と似たような作用だと考えられるものを、理論上で記述することなのだった。

マクスウェルが開いた最大の突破口は、そのような数学的モデルが、既知の物理的状況に何らもとづいている必要はないと気づいたことだった。マクスウェル以来、現代の物理学者は、自然界で生じていることに即した数値を生みだす数学システムを構築することで、周囲の世界の理解を深めようと試みている。

1856年の論文で、マクスウェルは電気を多孔性の物質を流れる流体にたとえ、かたや磁気は流体の内部に立ちのぼる渦巻きや渦のようなものだとした。流体の流れは、ファラデーの力線とよく合致していた（この時代から私たちが受け継いだ用語は、いまなお電気を流体の流れであるかのように呼ぶことが多い。電流という言葉などがその一例であり、イギリスでは初期の電子工学で用いられた真空管をバルブ〔弁〕と呼んでいた）。

この最初のモデルには、成功のきざしがあった。これは電気と磁気のふるまいの一部と合致していたのだ。だが、マクスウェルはそれを電磁気におけるカロリックのようなものにするつもりはないと明言していた。実際に電気の流れが存在するとは示唆しなかったのだ。彼はこう述べている。「それ［流体の類推］には本来の物理学理論の影すら含まれているとは思わない。それどころか、研究の一時的な手段としてのそのおもな利点は、それが見かけ上ですら、何の説明にもならない点なのだ」。自分のモデルを部分的に築いたマクスウェルは、しばらくその問題を脇に置いていたが、１８６１年にもっと強力な類推を考えついて再び取り組むようになった。

## マクスウェルの素晴らしい機械的モデル　１８６１年のその日

「ファラデーの力線について」から、１８６１年の論文「物理的な力線について」に移行する過程で（双方の論題はよく似通っているので、これらに言及する際に両者はよく混同されている）、マクスウェルはより確実に機械的な電磁気のモデルへと移行していた。流体モデルは、動くことのない「場」でしか有効ではなく、発電機やモーターのような電気の実際的な応用を考えれば、きわめて限定されたものとなった。実際に何かが生じるのは「場」の移動や、そこを通過するときだったからだ。

このときもまた、機械的な物体の似たような動きをもとにした科学的モデルだった。回転するにつれて膨張する球体を使ったモデルでしばらく実験をしたあと、マクスウェルは回転する一連の六角形のセルの周囲をボールベアリングのような大量の小さい物体が囲み、それが回転する接合部分を支えるという明快なモデルに落ち着いた。彼はセルを渦であるとし、ボールベアリングを遊び車だとしていた。

電流を流すと、電流を表わすそのシステムでボールベアリングが流れ始め、それによって六角形のセル

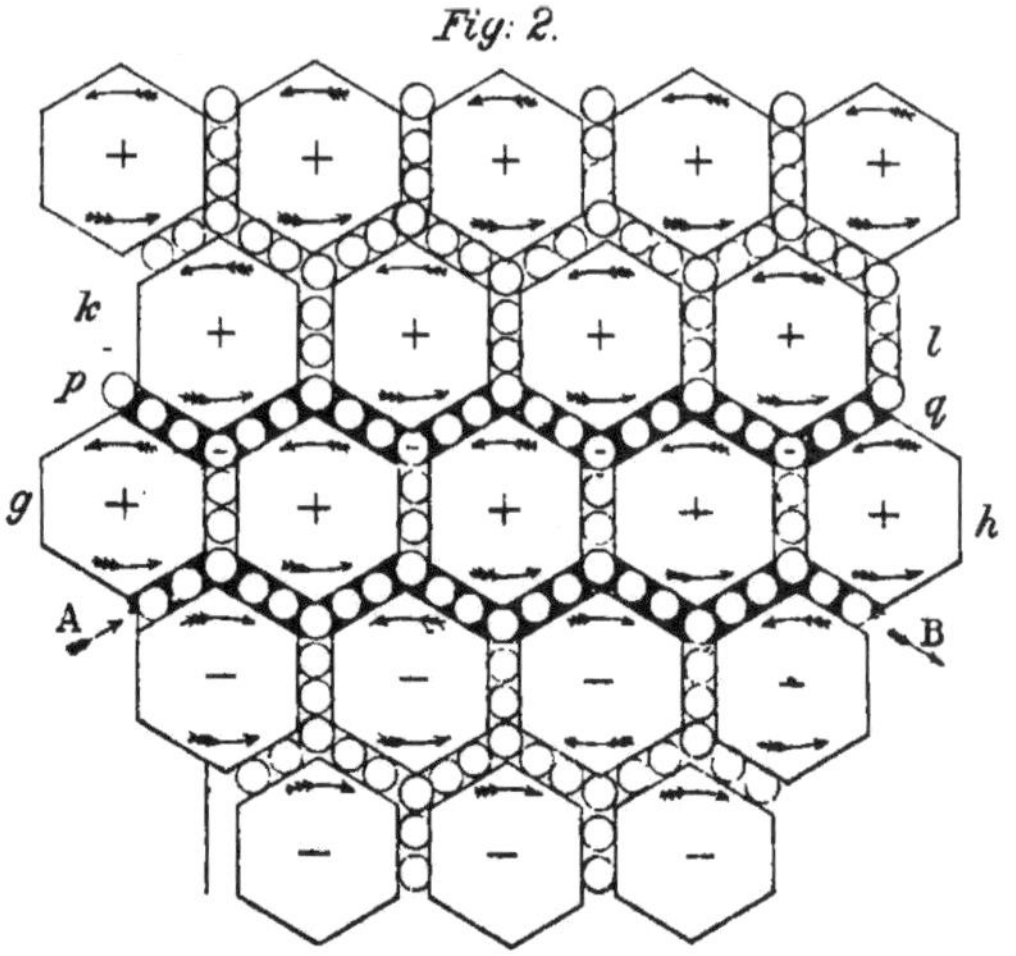


1861年の論文に掲載されたマクスウェルの電磁気の機械的モデル

が回転しだす。セルの回転は、電気の流れによって生じた磁場を表わしていた。このモデルは、重要な電磁誘導メカニズムもたとえのなかに追加していた。ボールベアリングと回転する六角形セルのあいだの反応は、電流のスイッチを入れたり切ったりするたびに、次の層のボールベアリングに一時的な電流を生じさせるからだ。

これはまだ類推の段階でしかなかったが、マクスウェルはいまや自分が現実に近いものを扱っているのだと考えた。この当時、宇宙全体は発光するエーテルと呼ばれる物質で満たされているのだと広く信じられていた。エーテルは古くは「aether」と綴られていたが、いまでは一般に「ether」となっているので本書でもその綴りを使うが、誤解のないように言うと、これは初期の麻酔薬として使われた有機化合物のエーテルとは何ら関係はない（この液体は、その揮発性ゆえに概念上のエーテルにちなんで名づけられた）。

エーテルが存在すると考えられていたのは、光が波であることが知られていたからだ。そして、私たちが知るその他の波はいずれも、媒質を通過する際の攪乱であることが判明していたためだ。ところが、光は真空空間も通過するのである。それはつまり、そこに目に見えない何かが存在していて、そのなかを光がうねりながら進んでいるからだと思われた。磁気効果にはエーテル内の渦も含まれるはずなので、このモデルは流体モデルよりもずっと現実に近いに違いないとマクスウェルは考えた（よってセルを「渦」としていた）。

マクスウェルはこのモデルの電気的側面についてはさほど確信がなく、次のように述べていた。「粒子と渦の運動が、完全に転がり接触によって結びついているという考えには、どこかぎこちないものがあるかもしれない。自然界に存在する結びつきの様式としては、この考えを推し進めない」。それでも、このモデルはうまく機能したので、自然界にはボールベアリングに相当するものが何かしらあるのだろうかと、彼は疑問に思った。

## 電磁気と光

電磁気に関するマクスウェルの研究では、論文が発表されてまもなく2つの主要な側面が明らかになった（厳密に言えば、この研究は3部に分けて書かれているので、彼の3本の論文である）。電磁気のふるまいのある側面で、自分のモデルではまだ対応できていなかった点に対処するために、マクスウェルは六角形のセルに若干の弾力性をもたせてみた。つまり、セルが捻れたり、縮んだりできるようにしたのだ。そうすることで、正負が逆の電荷のあいだで生じる静電気引力の効果を取り入れられるようになった。

これはマクスウェルが意図したことではなかったが、この余分な特徴を加えたことには衝撃的な意味合いがあった。物質に弾力性があれば、それを通して波を送ることが可能なのだ。まったく柔軟性のないものでは、波は伝わることはできない。というのも、波の性質そのものが、媒質を通過しながら振動運動をすることだからだ。実際には、彼の改善されたモデルでは、1層目のボールベアリングで生じたわずかな震えが、隣り合わせたセルを歪ませ、それが次の層のボールベアリングを震わせ、それがさらにつづいていた。モデルが何を表わしていたのかを考えれば、電場が変わることで磁場が変わり、それによって電場が変わったことになる。

**エーテルとの訣別**

電磁波ならば何もない宇宙空間を、エーテルしかなくても進むだろうとマクスウェルは考えた。だが、実際には、彼は十分に突き詰めてはいなかった。マクスウェルのヒーローであるマイケル・ファラデーは、彼がまだ15歳だった1846年に、電場・磁場を突き抜ける波はエーテルの存在を必要としないだろうと述べていたのだ。ファラデーは次のように言った。

したがって、私がかくも大胆に述べることにした見解は、力線のなかの高度な振動として放射を検討するものだ。これは粒子だけでなく、大量の物質も一緒に結びつけることが知られている。この見解は、エーテルの棄却を試みるもので、振動を不要とするのではない。

ファラデーはこの点に関してまったく正しかったことが証明されただろう。エーテルが存在するとすれば、地球がそのなかを動くことによる影響が何かしら想定されたが、1887年にアメリカの物理学者アルバート・マイケルソンとエドワード・モーリーが実施した一連の実験（これについては「6日目」を参照）からは、そのようなものは何も探知できなかった。20世紀の初めにアルベルト・アインシュタインがさらに、エーテルは概念として合理的には裏づけられないことを証明した。

既知の波で、マクスウェルの理論上の電磁波の必要条件を満たすもの、つまり真空空間を通過できる波はすでに存在していた。光である。だが、ファラデーとは異なり、そのような波があると推測した際に、マクスウェルの手元には数学というもう一つの武器があった。彼はモデルを使って、そのような波が存在するとすれば移動できなければならない速度を計算することができた。マクスウェルはその波は秒速31万745キロメートルで進むと計算した。これは光の速度としておおむねふさわしいはずだとは考えたが、彼には現代の物理学者が直面することのない問題があった。折しも夏休みでスコットランドの自宅にいて、図書館からも、ロンドンの大学でつけていた日誌からも離れた場所にいたのだ。最も正確に光速が測定された近年の値を確認するすべも彼にはなかった。

数ヵ月後にロンドンに戻ってからようやく、マクスウェルはそれらの数値を手に入れることができ、電磁波の速度に関する彼の予測値が、当時、測定されていた光速との違いは1・5％以内であることを発見した。彼は翌年、1861年の論文に手を入れて、変位電流として知られるこの背景にあるメカニズムと、電磁波が意味するものをそこに含めた。

マクスウェルが1864年になし遂げた2番目の進歩は、機械的モデルから完全な数理モデルに移行したことだった。これは新しいものの考え方だった。当時の偉大な物理学者の多くは、マクスウェルの純粋に数学的な見解を理解するのに苦しんだ。そこには、現実の世界から類推したものは何もなく、ただ数学の方程式の形で生じている現象が表現されているだけだったのである。マクスウェルはこれを地上からは見えない、教会の組み鐘《カリヨン》を鳴らすことになぞらえた。鳴らし手に見えるのは、一連のロープだけだ。頭上の鐘楼で何が起こっているのかは少しもわからないまま、数学の公式を使ってロープの動きを表現することは可能だろう。これらの数式は、組み鐘の動きを表わすモデルがなくとも、その仕事をこなしたのだ。

マクスウェルは合計で20の方程式を考えだし、それらを用いて電気と磁気がどう作用するかを数学的に要約した。そのうちの中心的な12の方程式は、1884年にイギリスの電気技師オリヴァー・ヘヴィサイドによって統合され、見た目は単純ながら、説得力のある4つの方程式に簡素化された。通常はただマクスウェルの方程式と呼ばれるものだ。

## マクスウェルの人物像

マクスウェルは、物好きなアマチュアの科学者として、とくに重要なこともなし遂げずに真似事だけをして生涯を送ることも十分にできただろう。自宅周辺の自然豊かな環境に着想を得たこともあって、彼は幼少期から科学に関心をもっていた。子供のころはよく、「どうしたらそうなるのか教えて」とか、「それでどうなるの?」と、質問をしていた。自宅には実験室があり、手に入った素材でいつも実験をしていた。

だが、地所を相続したのち、地主としての地位に安泰する代わりに、彼は研究者として経歴を積み、短い生涯のあいだ研究をしつづけた。

マクスウェルは特権的な環境で育ったが、両親は彼を地元の子供たちと一緒に遊ばせた。そのことが、貧しい家庭の子弟への教育に彼が生涯にわたって熱意をもつきっかけとなった。籍を置いたいずれの大学でも、彼は労働者協会の教育プログラムにかかわっていた。これはまた、彼にキリスト教の強い理念があったことの表われでもあった。

マクスウェルには数学の先見の明があっただけでなく、科学の研究でも思いがけない飛躍を遂げることができた。仕事と家庭生活のあいだを隔てるものは、ほとんど存在しなかったようだ。科学者の友人たちに何千通もの手紙を書いていたが、それらは社交辞令から最新の物理学の探究にまで唐突に話題が変わるものだった。ケンブリッジに世界一流のキャヴェンディッシュ研究所を創設し、晩年そこで教えるようになるまで、彼が勤めた大学には実験施設がごく限られたものしかなかった。そのため、彼は自宅で妻のキャサリンに手伝ってもらいながら、かなりの量の実験を行なっていた。

マクスウェルの人生において仕事はきわめて重要なものだったが、仕事面だけを考慮すると、マクスウェルという人物を描き損ねることになるだろう。初めのうちこそ人付き合いがうまくなかったが、彼のユーモアのセンスは終生変わらず、おかげで確固たる友情を育むことができた。彼の手紙は冗談にあふれ、真面目な仕事の話ですらそこはかとなくユーモアが感じられた。たとえば友人のウィリアム・トムソン(のちのケルヴィン卿)宛の手紙のなかで、キャヴェンディッシュ研究所に備えたい設備をリスト化した際には、マクスウェルはこう明記していた。「装置を動かすためのガス・エンジン(手に入れば)、入手できなければ、実験の種類によって、練習を積んだ大学の「ボート部の」クルーを2人ずつ4交代か、4人ずつ2交代」

マクスウェルは生涯、詩人でもありつづけた。学生時代、問題に取り組むのに飽きたことで思いついた詩もあれば、キャサリンにたいする気持ちや、当時の科学的発展を題材としたものもあった。マクスウェルは堅苦しい平面的なヴィクトリア朝時代人ではなく、バランスの取れた人物だったのである。

## 暮らしを一変させたもの

### 電磁気装置

モーターや発電機のような基本的な電磁気装置をもたらしたのは、ファラデーや彼の同時代の人びとだったが、マクスウェルが電磁気の理論的基礎を構築しなければ、現代社会が依存するこれほど多様な電気・電子機器を発展させることはなかっただろう。

### ラジオ、電子レンジ、テレビ、X線

ラジオ〔無線通信〕は、マクスウェルが予測したとおりの方法で、マクスウェルの死後まもない時期に、ドイツの科学者ハインリヒ・ヘルツが利用できることを証明した電磁スペクトルの最初の一端だった。電磁波の理解はその後、電磁スペクトルのその他の部分をもっと幅広く利用するために、さらに深まっていった。高エネルギーのX線や、マイクロ波として知られるようになる無線周波スペクトルの高周波のも

のなどがそこには含まれる。

## 携帯電話

携帯電話は、マクスウェルの功績の恩恵を最大限に受けたものと言ってまず間違いないだろう。携帯電話はその無線システムのなかで、幅広い電子部品を電磁波の利用と組み合わせている。

## アインシュタインのひらめき

実用品ではないが、マクスウェルの研究はアルベルト・アインシュタインにひらめきを与えた点でも、暮らしを一変させるものとなった。光が一定速度だというマクスウェルの発見は、アインシュタインが特殊相対性理論を展開するうえで鍵となったものだった。アインシュタインは研究室の壁にマクスウェルの写真を飾っており、マクスウェルが電場・磁場の数学的説明に移行した突破口は、「ニュートンの時代以来、物理学が経験したなかで最も奥深く実りのあるもの「変化」」だと述べていた。

DAY 5

# Monday, 26 December 1898

*Marie Curie – Publication of 'On a New, Strongly Radio-active Substance'*

【5日目】

# 1898年12月26日（月）

## マリー・キュリー

――「強い放射性をもつ新しい物質について」の発表

## キュリーの略歴

物理学者および化学者
功績――放射線、医療での放射線とX線双方の利用

1867年11月7日　ポーランドのワルシャワでマリア・サロメア・スクウォドフスカとして誕生
学歴――パリ大学
1895年　ピエール・キュリーと結婚
1903年　ノーベル物理学賞を受賞
1906年　ソルボンヌ大学の最初の女性教授
1909年　ラジウム研究所を設立（現キュリー研究所）
1911年　ノーベル化学賞を受賞
1934年7月4日　フランスのパシーにて66歳で死去
1944年　元素96、キュリウムが発見され、1949年にキュリー夫妻にちなんで命名

男女平等の概念がほとんど存在しなかった時代の女性であることを考えれば、ことさら非凡なことだが、マリー・キュリーはノーベル賞を2度受賞した最初の人だった。彼女の研究は、初めは夫のピエールと共同で、夫の死後は単独で行なったもので、得体の知れない奇妙なものだった放射能を、有益ながら危険なものとして理解させることになった。最終的に放射性物質にさらされたために、彼女は命を落とすことになった。放射性物質ポロニウムをキュリーが発見したのは重大なことだったが、1898年の彼女の画期的な論文は、ラジウムの発見というはるかに重大な出来事を語っていた。キュリーはX線を発見してはいないが、これを幅広く医療に利用して実用化させるうえでは貢献し、医療の世界に放射線治療を導入することになった。

## 1898年という年

1898年には、いくつかの行政地域が統合されて、現代のニューヨーク市が形成された。イギリスでは、道路上の自動車事故で最初の死者が出た。アメリカとスペインのあいだの短期の戦争がキューバの独立につながり、スペインはアメリカ大陸のその他の領土も失った。ユニヴァーシティ・カレッジ・ロンドンで元素ネオンが発見された。イギリスによる香港の99年間の租借が始まり、アメリカはハワイを併合した。この年生まれた人には、イギリスの歌手で女優のグレイシー・フィールズ、ドイツの戯曲家ベルトルト・ブレヒト、ハンガリーの物理学者レオ・シラード、スイスの物理学者フリッツ・ツヴィッキー、イタリアのドライバーで車の製造業者のエンツォ・フェラーリ、イスラエルの首相ゴルダ・メイア、オランダの画家M・C・エッシャー、イギリスの彫刻家ヘンリー・ムーア、アメリカの作曲家ジョージ・ガーシュウィン、ベルギーの画家ルネ・マグリット、北アイルランドの作家C・S・ルイスなどがいる。物故者には、イギリスの作家ルイス・キャロル、イギリスの画家オーブリー・ビアズリー、フランスの画家ギュスタヴ・モロー、イギリスの首相ウィリアム・グラッドストン、ドイツの宰相オットー・フォン・ビスマルクらがいる。

## 奇妙なエネルギー

1895年にドイツの科学者ヴィルヘルム・レントゲンが陰極線管〔CRT、ブラウン管〕で実験を行なっていた。これは部分的に真空状態にして密閉したガラス管で、管内の2枚の金属板のあいだに電流が通ると、奇妙な輝きを発するものだ。陰極線管の初期の研究の大半を行なったイギリスの物理学者ウィリアム・クルックスは、この管のそばにあった写真乾板が、ときおり不透明な容器に入れてあるのに、感光したかのように黒ずんでいることに気づいた。

レントゲンは偶然、「陰極線」（いまでは電子の流れであることがわかっている）の流れに垂直に走る何らかの光線が管から発していることを発見した。光線は金属製の電極にぶつかった地点から発していた。これらの光線は、管が見えないように陰極線管の片側に立てていた黒い厚紙を通過していた。しかもこの光線は、実験機器の横にレントゲンが安全な形でしまっておいたはずの写真乾板を曇らせていた。レントゲンはまもなくこれらの光線に人体を貫通し、皮膚の下にある骨を写真乾板の上に影として現わす能力があることを発見した。彼はこの謎の新しい光線を仮称のつもりでX－シュトラーレン（X線）と呼んだところ、その呼称が定着した。

翌1896年に、フランスの物理学者アンリ・ベクレルが似たような偶然の発見をした。彼は覆いをした写真乾板の上にウラン塩の容器を置き忘れていた。のちに乾板を使ったところ、ウラン塩の壺の下にあった部分がすでに黒ずんでいることに気づいた。この化合物はX線と似たような、ただしもっと強力な放射性発散物《エマナチオン》を発しているようだった。しかし、陰極線管とは異なり、これは系のなかに電気エネルギーを投入することで生じた結果ではなかった。ウラン塩は、一見すると熱力学第1法則に反して、エネルギーを自然発生的に生みだせるようだった。この現象は、これから見ていくように、放射能として知られるようになった。

同じ年の、まもない時期に、当時、キャヴェンディッシュ研究所の所長だったイギリスの物理学者J・J・トムソンが、ニュージーランド出身の若い助手アーネスト・ラザフォードに、放射能の性質を調べさせていた。ラザフォードは、ニュージーランドで待っていた婚約者のメアリーに興奮してこう書いた。「ある朝、電報が届いて小生が新しい元素を6つほど発見したと知っても、驚かないでくれ」。ベクレルの発見を受けて、ラザフォードはウランの放射能を研究することになった。

当時、放射能は一つのエマナチオンだと考えられていたが、ラザフォードはそこには区別のつく別個の要素があることを証明してみせた。ウランからの放射の一部は、薄い金属箔で食い止めることができたが、別の部分は箔が存在しないかのように、そこをまっすぐ通り抜けることができた。1899年にラザフォードは、貫通力の弱い放射線をアルファ線と呼び、貫通力の強いものをベータ線と呼んだ。彼はまたすぐに、これらの「光線」が電荷のある粒子の流れからなることも証明することになった。それらの通り道は電場と磁場によって逸らすことができたのだ。

## 異郷の異邦人

レントゲンがX線を発見したその年、パリに移住してきた若いマリア・スクウォドフスカがフランス人婚約者のピエール・キュリーと結婚した。以後、マリー・キュリーと呼ばれるようになったスクウォドフスカはソルボンヌ大学で学び、磁気の研究をしていた。だが、1897年になると、スクウォドフスカ（以後キュリーと呼ぶ）は当時、ベクレル線またはウラン線と呼ばれていた現象を博士論文の研究テーマにすることにした。博論の目的は、主としてこれらのウラン線に含まれているエネルギーを正確に測定することだった。しかし、キュリーは厳密に必要とされた以上のことまで調べ、金や銅など、その他の元素にエマナチオンがあるかどうかも試してみた。

13の元素から光線の検出を試みたが、まだ何の結果も出なかった。検出は2枚の金属板を使って行なわれ、そのうちの一方を調べている物質で薄く覆った。金属板に電圧をかけた場合、その物質がウラン線を放出していれば、2枚の金属板のあいだの空間に電流が流れるだろう。この光線には空気をイオン化する働きがあり、原子から電子を奪って、電荷を帯びさせられるからだ。電流の大きさは、そこで生じたエネルギーの強さを示すものとなった。

だがそこでキュリーは、ウラン鉱石である瀝青ウラン鉱《ピッチブレンド》という黒い鉱物を代わりに調べてみようと思いついた。この物質はドイツとチェコの国境にあるヨアヒムスタールで長年採掘されていた。1789年に、マルティン・クラプロートというドイツの化学者が、ピッチブレンドから灰色がかった金属を抽出した。この金属は何世紀ものあいだガラスの黄色い着色料や、陶器の釉薬の材料として役立っていたものだった。これは新たな元素であることがわかり、クラプロートはその8年前にウィリアム・ハーシェルによって発見された天王星《ウラヌス》にちなんで、それをウランと名づけていた。

そもそもキュリーがなぜピッチブレンドを試したのかは定かではないが、ピッチブレンドからの放射レベルは、同量のウランに比べて大幅に低いものと想定したのだろう。ところが、実際にはその逆となった。ピッチブレンドは、ウランそのものよりもおよそ3倍は多くのエネルギーを、ウラン線の形で発していたのだ。何かを希釈することで強くなったかのようで、これは奇妙なことだった。手違いがあったのだろうと考え、キュリーはピッチブレンドを再度試し、それを別の鉱物であるエシキン石と比較してみた。ピッチブレンドは明らかにその成分よりも多くのエネルギーを発していた。それだけでなく、エシキン石でも同様の結果になったのだ。この鉱物にはトリウムが含まれているが、ウランはまったく含まれていない。

ピッチブレンドにはウラン以外にもエネルギーを発する光線が含まれているらしかった。トリウムも同様の効果を発揮できたが、ピッチブレンドにトリウムはさほど含まれていない。この鉱石にはまだ完全に分析されていない成分が複雑に入り交じっていたのだ。どうやらウランとトリウム以外の、さらに強力なものがそこにあるようだった。この時分には、ソルボンヌの教授職への就任を断わられていた夫のピエールが、彼女を手伝うようになっていた。キュリー夫妻はさまざまな物質を試しつづけ、当時チャルコライトと呼ばれていたウランを含む鉱物に行き当たった。現在ではこの鉱物は一般にトーバーナイトまたは燐《りん》銅《どう》ウラン石として知られている。これは基本的に銅とウランを含むリン酸塩で、花崗岩地域でとくによく見つかる。ピッチブレンドのように、チャルコライトも純粋なウランより2倍は多くのエネルギーをウラン線で発していた。だが、これはピッチブレンドよりはるかに単純な鉱物だった。

キュリー夫妻は合成チャルコライトを生成してみたが、本物に比べると放射性が低いことがわかった。本物の鉱石（およびピッチブレンド）にはウラン以外のもっと高エネルギーの未知の物質が含まれているためだと考えられた。キュリーは「ウランおよびトリウムの化合物によって発せられる光線」と題した研究ノートに調査結果を書き、1898年4月12日にフランス科学アカデミーでその口頭発表が行なわれた。ただし、キュリー夫妻はどちらもアカデミーの会員ではなかったため、自分たちで発表することはできなかった。そこで、マリーの昔の教授であったガブリエル・リップマンが代わりに発表をした。

研究ノートのなかで、キュリーはピッチブレンドとチャルコライトは、ウランそのものよりも反応性が高いことを指摘した。「この事実は何よりも注目に値し、これらの鉱物にはウランよりもずっと反応性のある元素が含まれている可能性を示唆する」。キュリーは次のように締め括った。「ウランとトリウムの自然発生的な放射を解釈するならば、宇宙空間はどこでもレントゲン線に似ているが、はるかに貫通力のある光線がつねに縦横に行き交っていて、ウランやトリウムのような原子量の大きい特定の元素以外はその光線を吸収できない状況が想像できるだろう」

こうして、キュリー夫妻がノーベル物理学賞を受賞することになる発見のためのお膳立てがそろった。

## 「レイディオ - アクティヴィティ」の命名

アカデミーは新しい元素の潜在力についてさほど関心を示さなかったが、キュリーはここには何か新しいものを調査する機会があるのだと確信していた。彼女はまた、当時、ウラン線の専門家として認められていたベクレルから冷遇されているとも感じていた。ベクレルは、夫妻の研究資金を集める手助けをしてくれていたものの、彼女のことは無視しがちで、ピエールとしかやりとりをしなかった。この居心地の悪い環境こそが、長期にわたって根気と労力を要する研究にキュリーが耐え抜く原動力の一部となった可能性は大いにある。

ピエールの助けを借りながら、彼女は100グラムのピッチブレンドを細かくすり潰し、化学的に処理をして、そこに含まれる成分の分離を試みた。その後、成分ごとに試験を行ない、ウラン線のエネルギーの高いものはさらに処置をつづけた。2週間後、キュリーは反応性のある新たな物質と思われる試料を手にしていた。だが、この化合物は何ら未知のスペクトル線（囲み記事を参照）を発してはいなかった。

---

**分光法《スペクトロスコピー》**

19世紀初めには、何人もの科学者が太陽光のスペクトル――太陽光がプリズムを通過したときに生じる虹色――には暗線があり、その部分で特定の色が失われていることに気づいていた。ドイツの物理学者ヨゼフ・フォン・フラウンホーファーが、スペクトルを発生させて拡大し、これらの暗線を

---

調べられるようにする装置、つまり分光器を発明した。彼は太陽以外の星のスペクトルにも暗線があることを発見したが、すべてが太陽によるスペクトルの暗線と同じ位置にあるわけではなかった。

1850年代に、ドイツの物理学者グスタフ・キルヒホフとローベルト・ブンゼンが、明るい色のスペクトル線〔輝線〕は、さまざまな元素が熱せられた際の輝きのなかに生じることを発見した（このような分析用に強い炎を発生させるために、ブンゼンの助手のペーター・デザーガがマイケル・ファラデーの設計に手を加え、できあがったものをブンゼンバーナーと名づけて売りだすようになった。学校の実験室でお馴染みのものである）。キルヒホフとブンゼンは、これらの輝線が太陽スペクトルの一部の暗線の位置と厳密に対応していることに気づいた。元素が熱せられると特定の色を発するのであれば、その元素が大気中に存在している天体で、光がそこを通過した場合には、その同じ色が吸収されるだろう。

分光器は、元素を特定するための標準的なメカニズムとなり、現在も、より洗練された形でそうありつづける。たとえば、ヘリウム元素は太陽光スペクトルのなかで最初に見つかり、イギリスの天文学者ノーマン・ロッキヤーによって特定された。ピッチブレンドから抽出した試料に未知の元素があれば、それを熱したとき新しいスペクトル線を発しているのが見られるだろうとキュリーは考えた。

ピッチブレンドには発見すべきものがあるとまだ確信していたキュリーは、パリ市立工業物理化学高等専門大学のギュスタヴ・ベモンに助けを求めた。この専門大学はピエールの以前の勤務先であり、キュリー夫妻はまだそこの実験室を貸与されていた。性能のよい装置を使ったベモンは、ピッチブレンドからきわめて高い活性を示す物質を分離することができた。マリーとピエールはそれを引き継いで並行して作業を行ない、どちらもその活性物質をより精製した試料を取りだすことに成功したようだった。ところが、それぞれの試料をイオン化して発生させた電流からは、別々の値が出た。となると、ピッチブレンドには新しい元素が1つではなく2つ含まれている可能性があった。

キュリー夫妻は再び助けを求めた。今回は分光器の専門家ウジェーヌ・ドマルセーを頼ったのだが、その物質がまだ十分な量で生成されていないためか、新しいスペクトル線は見つからなかった。それでも、キュリー夫妻は自分たちの研究結果を確信しており、1898年7月13日には、ピエールは自分のノートに新しい元素を発見したと思うと書き、それを「ポー」と呼んでいた。これはマリーの出身国にちなんで、ポロニウムと名づけられることになる。ベクレルの態度についてマリーがどんな問題をかかえていたにせよ、当時、アカデミーで夫妻に代わって論文を口頭発表したのは彼だった。

まだスペクトルを検出できるほど十分な量の反応性物質が分離できていないものの、これはウランより400倍は高い活性を示すものだと、この論文は述べていた。キュリー夫妻はこう書いた。「したがって、ピッチブレンドから抽出した物質はこれまで知られていなかった金属を含み、分析特性ではビスマス〔蒼鉛〕に似たものであると考える。この金属の存在が裏づけられたら、われわれの一人の出身国の名前にちなんで、ポロニウムと名づけることを提案する」

この論文は「ピッチブレンドに含まれる新しいレイディオ-アクティヴな物質について」と題されていた。この論文を執筆したとき、キュリーはその現象に、今日まで使われつづけている名称を与えていた（ただし、ハイフンはすぐに取り除かれた〔当初は2語からなる言葉だったが、現在はつながった1語になり、「放射能のある」、「放射性の」などと訳されている〕)。放射能という言葉はすぐに、科学用語から「ウラン線」と「ベクレル線」の2語を追いだすことになった。この名称の「レイディオ」の部分は、無線受信機を指す現代の用法に由来するものではないが、その語源はラジオと同じである。すなわち、ラテン語で光線を指すラディウスである。

## ラジウムの発見　1898年のその日

当時は学者が夏季にかなりの期間、パリを離れる(「グランド・バカンス」)のは通常のことだったが、11月までにはキュリーもピッチブレンドに含まれていた別の放射性物質をより明確に分離していた。この物質はウランよりも約900倍は多くエネルギーを含んでいた。このときもまたキュリー夫妻はベモンに化学面で助けてもらい、分光法はドマルセーの手を借りた。そうしてようやく、何ヵ月にもおよぶ作業から新たなスペクトル線が得られた。12月には、ピエールは自分のノートに別の新しい名称を記していた。「レイディオ - アクティヴ」の用語から生まれた名称、ラジウムである。

厳密に言うと、この時点ではキュリーはまだこの元素を分離してはいなかった。彼女が取りだした物質は純粋なものではなく、キュリーはおおむねバリウムからなるその物質の原子量を、純粋なバリウム鉱物のものと見分けることはできなかった。しかし、画期的な論文「ピッチブレンドに含まれる非常にレイディオ - アクティヴな新しい物質について」を発表するのに十分なほど決意は固く、ベモンが共著者となっていた。このときもまた、1898年のクリスマスの翌日にアカデミーでキュリー夫妻に代わって論文を口頭発表したのはベクレルだった。

この論文は最初にポロニウムに言及するが、その後さらに「化学的特性が最初の物質とはまるで異なる別の、きわめて放射性の高い物質」について説明する。キュリー夫妻はラジウムを分離することに失敗していたが、放射能を発している新たな元素をマリーが発見したと考えるだけのもっともな理由が彼らにはあった。

論文にはこう書かれていた。「ドマルセー氏はスペクトルのなかに、既存のどの元素のものでもないと思われる1本の線を発見した。この線は、ウランの60倍アクティヴな塩化物を使用したときはほとんど見えなかったが、分別してウランの900倍ものアクティヴィティに濃縮された塩化物では、きわめて顕著な線になった。したがって、このスペクトル線の強度は放射能《レイディオアクティヴィティ》の強さとともに増しているのであって、これがわれわれの物質に放射性の発散物《エマナチオン》があると考えるきわめて重要な理由である」

ラジウムの発見のほかに、キュリー夫妻はこの物質が熱力学第1法則に反するようなふるまいを見せていることも暗示していた。物質から発する光線は、X線のように、蛍光物質のシアン化白金バリウムを光らせていた（もっとも、生成されたラジウムは少量だったためその効果はごく弱いものだったが）。論文はこう断じた。「したがって、光源となるものができたのであり、現実には、非常に弱い光であるが、何らエネルギー源がなくても機能する。これはカルノーの法則に矛盾しているか、少なくともそのように見える」

**放射性エネルギーの源**

キュリー夫妻は、放射能が「カルノーの法則」に矛盾しているようだという驚くべき主張をしていた。これは現在では熱力学第1法則、またはエネルギー保存の法則と呼ばれるもので、物理学の基本的な法則の一つだ。前述したように、アーネスト・ラザフォードがアルファ線、ベータ線の用語を考えだした。20世紀初めに彼はカナダでイギリスの化学者フレデリック・ソディと研究をつづけ、放射性崩壊は原子が粒子を放出した結果であり、核変換に変化をもたらす結果となり、元素を別の元素に変えているのだという理論を構築した。

ラザフォードはマンチェスター大学に移り、そこでアーネスト・マースデンとハンス・ガイガーとともに、原子には正に《プラス》帯電した密度の高い核があることを証明した。この構造から、アルファ粒子とベータ粒子の発生源が突き止められた。一方、アルベルト・アインシュタイン（「6日目」を参照）は、その物質とエネルギーが交換可能なものであることを示した。これによって、エネルギー保存の法則を覆すことなく、放射エネルギーの源を説明することが可能になった。

物質がエネルギーに変われるのであれば、原子内部の物質の量がごくわずかに減るだけで、相当な量のエネルギーを放出できることになる。実際には、本当に保存されていたのはエネルギーではなく、物質とエネルギーの組み合わせだったのである。

フランスの同胞であるカルノーの功績をやや不正確に把握していたことはさておき（「3日目」で見てきたように、カルノーの見解は熱に関することだけであって、後年のクラウジウスの研究によって初めて、エネルギーを網羅する概念に移行した）、この論文はキュリーの研究の将来の方向を指し示すものとなった。ピエールはこの現象の背後にある物理学に専念したが、マリーは自分の発見物であるラジウムとポロニウムの純粋な試料を抽出する作業に取りかかった。

この時点まで、キュリーは実験室で扱える量のピッチブレンドで研究をしており、製錬された物質はごく少量であったため、本当にラジウムを精製することはできなかった。今回、彼女は産業規模ほどの鉱物を一手に扱い、一度に20キロ近いピッチブレンドを加工処理し、合計で数トンにもなる物質を扱うことになった。この作業は、ソルボンヌ大学から夫妻に充てがわれたやたらに広く寒い、古い解体用実験室内での過酷な任務となった。キュリーはのちにこう述べた。「その格納庫は、沈殿物や液体の詰まった容器でいっぱいだった。これらの容器を移動させ、液体を運んで、鋳鉄製のたらいのなかで煮えたぎる物質を、一度に何時間も鉄の棒でかき回す作業は体力を消耗するものだった」

だが、1902年には、キュリーは塩化ラジウムを10分の1グラム分離したと発表することができた。

## ラジウム熱《マニア》

キュリー夫妻をはじめとする人びとを惹きつけてやまなかったものは、暗闇で光る濃縮したラジウム塩だった。キュリー夫妻は夜間にこの実験室を訪れては亡霊のような青い光を眺め、試料をほかの科学者に送り、自分たちのベッド脇にも瓶詰めの試料を置いていた。この期間に、ラジウムに長時間触れていると皮膚がただれるなど、ラジウムが害をおよぼすことに夫妻もその他の人びとも気づき始めた。

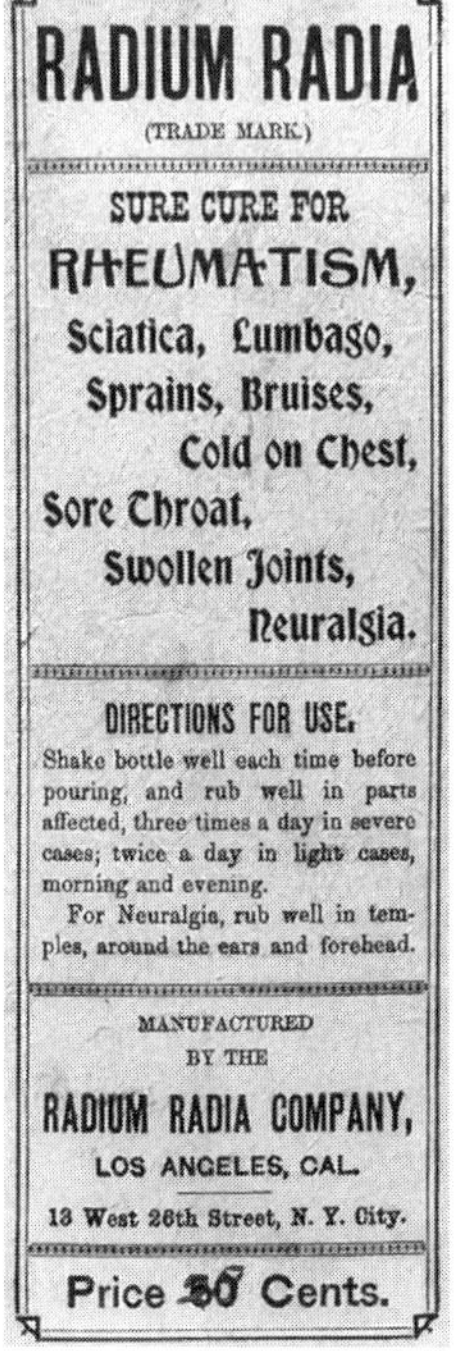


ラジウムを含むか、そう主張する数多くの治療方法の一つ、ラジウム・レイディア

このように危険であることが当初から示唆されていたにもかかわらず、ラジウムは奇跡の素材として扱われていた。その自発光が、それに触れた人びとに健康的なエネルギーを与える力を明らかにしているという思い込みからである。ラジウムは特許医薬品として使われていた。通常、やや放射能を帯びた水が湧きでる自然の放射能泉は、たちまちラジウム温泉と呼ばれるようになった。イギリスの薬局チェーンのブーツ社は「スパ・ラジウム」と名づけた特別なソーダ・サイフォン・カートリッジ〔炭酸水をつくる装置〕を販売した。これにはごく少量のラジウムが含まれていて、そこから噴出する気体は泡立ちを加えながら水に放射線を照射していた。

ラジウムにたいする熱狂ぶりはそれほどのものだったため、多くの製品は放射性物質が少しも含まれていなくても、単に商業的な熱意に乗じて、ラジウムを含有すると謳っていた。誤解を生むこれらの製品を購入した人びとは、むしろ幸運だったのだろう。その他の人びとは、そうとは知らずにもっと危険を冒していた。たとえば、ラジウム塩は蛍光化合物に加えられて芸人の衣装に縫い込まれ、暗闇で輝きを醸しだしたが、これはそれを扱った人びとに被害をもたらしたに違いない。

ラジウムで活性化されたこれらの衣装を取り入れたあるアメリカのショーは、「姿の見えない8人の愛らしい娘たちが、完全に暗くした劇場のなかで、衣装に縫い込まれた化学的混合物のために、ところどころ薄ぼんやりと照らしだされながら、音もなく軽快に歩き回り、見事に調和した動き」を見せるものだと説明された。踊り手たちが放射能汚染の危険にさらされていたのは疑いの余地がないが、これらの芸人たちの被爆は、時計の光る文字盤を製作していた人びとに比べれば、取るに足らないものだった。

暗闇でも光る懐中時計の文字盤を製造するアメリカの工場で働いていた女性たちは、使用しているラジウム含有の放射性塗料は無害なので、精密に描けるように筆先を唇や舌を使って尖らせるようにと指示されていた。工員たちの多くはのちに「ラジウム顎」を発症し、火傷や出血、骨腫瘍を患った。

放射能が危険だという知識はのちには常識になったが、キュリー夫妻の論文は新しい元素の存在を明らかにしただけでなく、放射能の研究分野を開拓していた。これは核兵器と原子力発電の双方につながるとともに、原子とその核の性質をより完全に理解させることにもなった。

マリー・キュリーが再生不良性貧血から66歳で死去したことは、しばしば被爆したためであると言われてきた。放射性物質を扱う研究が、この状況を招くリスクを高めたことは間違いないが、現在ではより大きな原因となったのは、放射線技師が防護服を着用する必要性がよく理解されていなかった時代に、長時間にわたってX線で研究したためと考えられている。

## キュリーの人物像

マリア・スクウォドフスカは、ワルシャワの中流階級の家庭で、5人きょうだいの末っ子として生まれた。当時、ワルシャワはロシアの支配下にあり、両親が反体制派であったことが、成功を収めようとする彼女の強い衝動となっていたようだ。彼女の父のヴワディスワフは科学教師で、幼少のころからマリアは科学的な事柄に魅了されていたが、当時、ワルシャワ大学は女子学生を受け入れていなかった。彼女と姉のブロニスワヴァは協力してパリのソルボンヌ大学への入学をはたした。

初めのうちはキュリーがポーランドで家庭教師をして、ブロニスワヴァが勉学を終えるまで経済的に支えた。その後、キュリーはパリへ移住し、名前をフランス人に馴染みやすいマリーに変えた。フランスの首都で、彼女はブロニスワヴァと新しい義兄とともに半年間暮らして勉強をつづけた。キュリーは当時、理学部にいたわずか23名の女子学生のうちの一人だった。彼女は学位を取得したらすぐにポーランドへ帰国するつもりだったが、非常に成績優秀であったため、奨学金をもらってソルボンヌ大学で勉強をつづけることになった。

手頃な実験室を探しあぐねていた人生のこの時期に、彼女はピエール・キュリーと出会った。ピエールはそのころにはすでに、自分の研究分野で名の知れた存在になりつつあった。ピエールがプロポーズをすると、それ以前の恋愛関係で傷ついていたキュリーは、故郷に戻ってワルシャワで仕事をするほうを選んだ。ところが、ピエールはそれならば自分もフランスを離れると言いだした。その言葉は彼女に考えを変えさせるのに十分であったと思われ、2人はパリにとどまって結婚することになった。

キュリーは2人の子供に恵まれた。イレーヌ（彼女も後年ノーベル化学賞を受賞する）と、ジャーナリストでピアニストになったエーヴである。1906年にピエールが通りで荷馬車に轢かれて事故死したことで、キュリーの家庭生活は大打撃を受けた。キュリーにはピエールの後釜として教授職が提供され、ソルボンヌ大学で第1号の女性教授となった。

1909年からキュリーはラジウム研究所の設立に向けて動き始め、1914年に開設に漕ぎ着けた。ソルボンヌ大学とパスツール研究所から資金を提供されたこの研究所には2つの実験所があり、それぞれ放射性元素の研究と、放射能の医学的応用の研究に特化したものだった。1922年にここに設立された病院で、放射能が世界に先駆けて治療目的に使用された。この組織は1970年にキュリー研究所に名称変更された。

注目すべきことに、ノーベル物理学賞をピエールとアンリ・ベクレルとともに共同受賞したのちの1911年に、キュリーは2つ目のノーベル賞を、今回は化学部門で受賞した。「ラジウムとポロニウムの元素を発見したこと、およびラジウムを分離してこの驚くべき元素の性質と化合物の研究によって、化学の発展に尽くしたことをたたえて」のことだった。キュリーはノーベル賞を受賞した最初の女性であっただけでなく、2度受賞した最初の人でもあり、科学の2つの別々の賞を受賞した唯一の人でもある。

第一次世界大戦が勃発すると、キュリーは戦争遂行のために尽力した。当初は金銭面での支援だった。彼女は2回目のノーベル賞の賞金をフランスの戦時公債に投資したほか、自分のメダルを寄付して、溶かして売ろうともしたが、この申し出はフランス銀行に断られた。しかし、彼女の最大の貢献は、移動可能なX線照射ユニットを仕立てて、野戦病院の部隊まで設備を届けたことだった。当初は組織面でのかかわりだったが、1916年には彼女は運転免許を取得して、X線照射ユニット車を運転し始め、みずから現場で手助けをするようになった。彼女は18台の放射線車を戦場に送り込み、1万人以上の兵士でそれらを活用し、女性の放射線技師を訓練するための学校を設立して、約150人の女性を送りだして医療活動を支えた。このころには、娘のイレーヌが手助けするようになり、まずは組織化や訓練を手伝い始め、1916年には放射線技師としても活動するようになった。

キュリーは疑いなく、この時代の偏見を克服して、男性優位の科学界の頂点にまで登りつめた驚異的な女性だった。このことは当時の物理学の重鎮が勢揃いした有名なソルヴェー会議で撮影された写真に、如実に表わされている。この会議はベルギーの実業家エルネスト・ソルヴェーが、おもに彼自身のややエキセントリックな見解を表明する媒体として始めたものだった。だが、参加者は物理学のトップにいた人びとで、ソルヴェーの話に丁重に耳を傾けたあと、彼を無視してこの分野の主要な問題に関心を向けるのだった。

キュリーは1911年の第1回ソルヴェー会議から1927年の第5回まで出席した。後者はおそらく一流の物理学者が一同に会した過去最高の会議だっただろう。このとき撮影された写真には、アルベルト・アインシュタイン、エルヴィン・シュレーディンガー、ヴェルナー・ハイゼンベルク、ヴォルフガング・パウリ、ローレンス・ブラッグ、ポール・ディラック、ルイ・ド・ブロイ、マックス・ボルン、ニールス・ボーア、マックス・プランクなどが並ぶ。この著名な男性たちの顔が居並ぶなかに、一人だけ女性が座っている。マリー・キュリーその人が。

## 暮らしを一変させたもの

### 放射線医学（X線の医療利用）

キュリーはX線の開発にはかかわらなかったが、第一次世界大戦中に彼女が放射線医学を擁護したことは、医療目的のためのX線の利用を広めるうえで大きな影響があった。

## 放射線治療

キュリーによるポロニウムとラジウムの発見は、とくにがんの治療で医療用に放射能を利用できるようにするうえで不可欠なことだった。とくにラジウムは、1950年代を通じてX線の利用を除けば、標準的な医療の源泉となっていた。同じくらい重要な貢献は、キュリーが、現在はキュリー研究所となったラジウム研究所にかかわったことで、この研究所から放射能の医療利用方法の多くは編みだされた。

DAY 6

# Tuesday, 21 November 1905

*Albert Einstein – Publication of 'Does the Inertia of a Body depend on its Energy Content?'*

---

【6日目】

# 1905年11月21日（火）

## アルベルト・アインシュタイン

――「物体の慣性はそのエネルギー含量によるのか？」の発表

## アインシュタインの略歴

物理学者
功績——特殊および一般相対性理論、量子物理学、$E=mc^2$、重力波、レーザー

1879年3月14日　ドイツのウルム生まれ
学歴——チューリッヒ工科大学(ETH)とチューリッヒ大学
1902年　ベルンのスイス特許庁に就職
1903年　ミレヴァ・マリッチと結婚
1905年　特殊相対性理論を含む「奇跡の年」の論文を発表
1915年　一般相対性理論を発表
1919年　エルザ・ルーヴェンタールと結婚
1921年　ノーベル物理学賞を受賞
1933年　アメリカに移住して、プリンストン大学高等研究所で教授職に就任
1955年4月18日　ニュージャージー州プリンストンにて76歳で死去
1952年に発見された99番元素アインスタイニウムは、1955年にアインシュタインにちなんで命名

ここにアルベルト・アインシュタインが登場しても、おそらく少しも意表を突くものではないだろう。だが、この6日目に発表された論文は、彼がノーベル賞を受賞したものではないし、彼独自の相対性に関する論文でもない。それらはいずれも、同年の早い時期に発表されていた。代わりにこの論文はエネルギーと物質を理解するうえで相対性の影響を考えた短い考察で、ここから $m=L/V^2$ の方程式が導かれ、それがやがてもっとよく知られた $E=mc^2$ に発展した。この論文は、わずか3ページ分しかないが、ここには原子力の応用、および原子爆弾の萌芽が含まれ、これはその後、人びとを魅了すると同時に恐怖にも陥れることになった。1905年というアインシュタインの人生における奇跡の年《アヌス・ミラビリス》のこの重要な時期をよく見れば、ここには、かならずしもよい方向にではないにせよ、世界を変えた1日がある。

## 1905年という年

科学者にとって、この年はアインシュタインの奇跡の年として際立っている。当時はまだアマチュアの理論物理学者に過ぎなかった人物が4本の傑出した論文を発表した年だ。そのうちの1本で光電効果に関するものは、量子力学の基本となる論文で、のちに彼はそれによってノーベル賞を受賞した。世界のその他の分野では、シベリア横断鉄道が開通し、ロシア第一革命が起こって第1回ロシア議会が開かれたほか、ロンドンではチェルシーとクリスタルパレスの両サッカークラブが誕生し、イギリスの自動車協会が創設され、アルプスを抜けるシンプロン鉄道トンネルが開通した。さらにラスヴェガス市が誕生し、カナダではアルバータとサスカチュワンが連邦政府の州となった。ノルウェーがスウェーデンから独立し、アイルランドの独立党であるシン・フェイン党が結成された。1905年生まれの人には、イギリスの作曲家マイケル・ティペット、フランスのファッション・デザイナーのクリスチャン・ディオール、オーストリアの著名人マリア・フォン・トラップ、アメリカの著述家アイン・ランド、アメリカの俳優ヘンリー・フォンダ、フランスの哲学者ジャン＝ポール・サルトル、スウェーデンの女優グレタ・ガルボ、イタリアの作曲家アヌンツィオ・マントヴァーニ、ベルギーのアストリッド王妃、アメリカの大富豪ハワード・ヒューズなどがいる。物故者には、フランスの作家ジュール・ヴェルヌ、イギリスの俳優ヘンリー・アーヴィングなどがいる。

## 消滅するエーテルと収縮

「4日目」で見たように、ジェームズ・クラーク・マクスウェルは、光が進む媒質としてエーテルを解明することへの情熱を決して失わず、こう書いていた。「エーテルの構造に関して一貫した考えを形成するうえでどんな困難があったにせよ、惑星間および恒星間に何も存在しないわけではないことは疑いない。そこは有形の物質つまり物体で占められていて、それはわれわれが知る限り間違いなく最大で、おそらく最も均一な物体なのである」。だが、マクスウェル自身の電磁波の説明によって、エーテルの存在を理論的に支える必要条件は完全に崩されていた。理論面におけるこの前進は、アメリカの物理学者アルバート・マイケルソンとエドワード・モーリーが実験的証明によって、意図せずして裏づけたものだった。

この2人も疑念はいだいていたものの、エーテルの存在を否定するために実験を始めたのではなく、むしろそれが実際に存在することを証明しようとしていた。前述したように、エーテルは普遍的に存在して宇宙全体を埋めつくす媒質と考えられていた。そのおかげで、ほかには何もない空間を光の波は通過できるのだとされた。エーテルが存在するとすれば、地球はそのなかを動いていることになった。もしそうだとすれば、地上で測定された光の速度に、その測定がなされた方角しだいで違いが検出されるはずだと、マイケルソンとモーリーは考えた。エーテルのなかを進む地球の動きが光速に加わるはずだからだ。

1887年に、アメリカのクリーヴランドにある現在のケース・ウェスタン・リザーヴ大学で実施された実験は、横幅1メートルほどの石の厚板の上に固定された干渉計と呼ばれる装置を使用して行なわれた。この石板は円盤状の木製浮台の上に載せられて、なかに水銀を入れて煉瓦の土台に固定された桶に浮いていた。要するにこれは、装置を振動のない状態にし、一回転にまるまる6分をかけて非常にゆっくりと回転させられるようにするものだった。

干渉計はまず光線を二手に分け、随所に設置した鏡から鏡へと半分ずつ行き来させた。2本の光線は互いに垂直方向に進んだあと、再び1本にまとめられた。合わさった光線は、2本の光線の波がそれぞれの波周期のどこに位置しているかしだいで、強化したり、相殺したりして干渉し合う。その結果、合わさった光線には光の明暗の干渉縞《フリンジ》が現われ、顕微鏡でその縞が観察された。

地球がエーテル内で軌道上を秒速約30キロで進んで光速をやや変化させているのだとすれば、干渉計の2本の光路で光が移動するのに要する時間に、わずかな違いが生じるだろうと想定された。石板が回転するにつれて、2本の光路の相対的な速度は、地球の自転方向と光線の向きの同調具合で変わるはずだからだ。その結果、干渉縞は時間とともに周期的に変化するだろう。

**重力に干渉**

マイケルソンとモーリーが利用した干渉計は、のちに重力波という並外れた現象の観測所のモデルとなった。これらの空間と時間の振動は、１９１６年にアインシュタインが予測したもので、ブラックホール同士の衝突のような、巨大な物体間で生じる相互作用によって宇宙全体に広がる。

科学者は何十年にもわたって重力波の検出を試みてきたが失敗しつづけ、２０１５年にＬＩＧＯ《ライゴ》観測所が設立されたことで初めてその検出に成功した。ＬＩＧＯはアメリカ国内の何千キロも離れた場所に設置された全長数キロメートルの２基の干渉計を利用する。重力波がそのような干渉計にぶつかると、ごくわずかに光路の長さが変化し、結果的にマイケルソンとモーリーの実験が検出しようとしたような干渉縞のずれが引き起こされた。

ＬＩＧＯ装置の光路長の変化はごくわずかで、原子よりも小さいものだが、この装置だけでなく、いまではその他の観測からも重力波の事象は数多く検出されている。

マイケルソンとモーリーの想定とは裏腹に、何ら変化は観測されなかった。回転する装置を使っても、干渉縞にずれは生じなかったのだ。これは問題だった。科学は通常、確実な証拠よりも、推論と改ざんによって動くと言われる。私たちは実際に起こったことを観察し、将来何が起こるかの仮説を立てて、その仮説を検証する。そこで失敗すれば、その理論は否定することができる。仮説が繰り返し予測どおりの結果となれば、それ以外の証拠が手に入るまで、または入らなければ、私たちは帰納法によって自分の理論が正しいと想定する。

あいにく、このような場合、改ざんするのはずっと難しい。実験者が見たいと考える効果は、その時代の装置では検出できるかどうかの瀬戸際にあるからだ。実験者が非常に入念に行なわない限り、そこに効果は現われているのだが、検出できないことも十分にありうる（「5日目」に、マリー・キュリーの実験で分光器が当初新しいスペクトル線を検出できなかったように）。しかしだからこそ、それほど巨大で安定した実験装置をつくる意義があるのだった。その装置は結果を出せるくらい十分に高感度のものだったはずだ。実際には、ごくわずかな変化しか検出されておらず、これは地球がエーテルのなかを進む速度を裏づけるにも、装置の誤差レベルを排除するにも少な過ぎるものだった。その後、何年かにわたってほかにも実験が繰り返されたが、まだ埒が明かなかった。そのいずれの存在も、裏づける証拠はなかったのだ。

少なくとも、これがそれらの結果にたいする一つの解釈だった。しかし、マクスウェルと同様に、多くの物理学者はエーテルを諦めきれなかった。1889年に、アイルランドの物理学者ジョージ・フィッツジェラルドが、マイケルソンとモーリーがなぜ少しのずれも見いだせなかったのかを説明する独創的な考えを思いついた。動いている物体は、電磁力と運動のあいだの関係にもとづいて、移動方向に短くなっているのではないかとフィッツジェラルドは提案した。3年後、オランダの物理学者ヘンドリック・ローレンツが独自に似たような概念を思いついた。

双方をかけ合わせた理論は（フィッツジェラルドが最初に考案した割には、やや不公平に）ローレンツ＝フィッツジェラルド収縮として知られるようになった。1904年には、ローレンツはこの理論をさらに展開していたが、安定したエーテルのなかの運動にもとづいていたその根拠は、アルベルト・アインシュタインによって粉砕されることになった。

## 相対的に考える

私たちはアインシュタインを、ボサボサの白髪頭の老人で、天才的科学者の典型として世界中で認められた人物として考えがちだ。これは、フィッツジェラルドとローレンツの考えを次のレベルにまで発展させ、エーテルを葬り去ったアインシュタインとは程遠い。1905年には、アインシュタインはまだ26歳で、研究職にも就いていなかった。彼はベルンのスイス特許庁に事務員（3級）として勤めていたのだ。

アインシュタインの特殊相対性理論の論文、「運動物体の電気力学について」は、1905年9月26日に発表された。これはローレンツと同様の収縮という結果になっていたが、空間と時間の本質を理解するためというより抜本的な移行の一部分としてであった。ローレンツにとって、エーテルは空間のなかで不動の座標系を与えるものだった。はるか以前に、アイザック・ニュートンも「絶対的」な時間と空間について論じていた。固定した背景のなかで、あらゆる物事は生じているというもので、それがローレンツの固定したエーテルという概念の根拠となっていた。しかし、アインシュタインはこの概念を打ち捨てた。特殊相対性理論のなかでは、すべての物事を測定できる固定したものは存在しなかった。あらゆるものの位置も運動も相対的なのだった。空間と時間における測定は、どんな観点にももとづけるのであって、静的にも動的にも見えるのだ。それぞれの観点（物理学の用語で言えば「座標系」）に同じだけの有効性があるのだった。

この新しいものの見方を確立するためにアインシュタインがやらなければならなかったのは、光はつねに特定の媒質のなかを一定の速度で進むというマクスウェルの発見と、伝統的なニュートン力学を組み合わせることだけだった。これはまだ構想中の理論ではあったが、主要な突破口だった。ローレンツ＝フィッツジェラルド収縮から、光のふるまいが相対性におよぼす影響のより包括的な説明に移行するには、ただエーテルを否定するだけで十分だったのだ。

特殊相対性理論は物体がいわゆる慣性系、つまり、物体が加速の影響を受けない状況に置かれたときに生じる多様な影響を予測していた。運動方向における収縮のほか、物体は質量を増加させ、経過時間を遅くすることもこの理論は予測していた（時間の遅れとして知られる概念）。しかし、相対性の本質は英語という言語とは相性が悪かった。たとえば、移動中の人のほうがゆっくりした時間の経過を体験すると言ってみたくなるのだ。だが、そうではない。「移動している」人の視点からすれば、自分は動いていないのだ。彼らにしてみれば自分は静止しているのであって、周囲の世界が逆方向に進んでいるのである。

いずれの座標系にも静止状態を意味する特権はとくにないので、ここでは別に、移動中の人が長さの縮小や質量の増加、時間の遅れを経験していると言っているわけではない。むしろ、移動しているところを誰か別の人が見た場合に、その観察者の視点からは、移動中の人は長さの縮小と質量の増加と時間の遅れを受けているのである。このことは、移動中の人がこれらの変化を受けているように見えるだけではないことに留意しよう。観察者の視点では、それは実際に生じているのである。

## 本物のタイムマシン

時間の遅れの効果は、ＳＦに登場する典型的な装置のように働きはしないものの、実在のタイムマシンをつくることができる。宇宙船が高速で地球から打ち上げられた場合、宇宙船内では時間は地上よりも遅くなるので（地球から見た場合に）、宇宙船がしばらく航行したのちには、船内の人は地上に残された人びとよりも老化が進んでいないことになる。

当初、この影響は釣り合いが取れている。宇宙船に搭乗した人びとにしてみれば、ゆっくり動いているのは地球の時間なのだ。宇宙旅行者の座標系では、宇宙船は動いていないからだ。しかし、地球に帰還するためには、宇宙船は方向転換するため加速することになるが、地球は加速しない。これは事実上、時計をリセットするものだ。その結果、地球に帰還することで、宇宙旅行者は実際には未来へ旅をすることになる。

時間の遅れの大きな効果を生むためには、非常に高速で旅をする必要があるため、通常はそのような効果を感じることはない。今日までに出現した最高のタイムマシンはボイジャー1号で、この宇宙探査機は1・1秒ほど未来に向かって旅をしていた。だが、それよりはるかに大きな効果を生みだすには、光速の10％を超える速度が必要となり、これはまだ現実には可能ではない。

特殊相対性理論は驚異的なものだったが、当時の人びとの受け止め方は賛否両論だった。アインシュタインは特殊相対性理論ではなく、はるかに洗練された一般相対性理論でノーベル賞を受賞した。これは光電効果の説明を別にすれば、加速度と重力を考慮に入れたものだった。それでも時代を経るにつれて、彼の特殊理論の効果は実験によって繰り返し証明され、エーテルの考えに固執した人びとは取り残されていった。

特殊相対性理論は、ニュートン力学よりも現実に近い説明として重要だが、ニュートンが予測したものから大きく離れるのは、高速で移動した場合においてのみだ。高速そのものは、日常生活にはほとんど影響はないものだった。だが、アインシュタインは特殊相対性の影響だけで終わりにはしなかった。その2ヵ月後には、実質的にこの理論の補遺であるごく短い論文を発表した。そして、これが劇的な効果を発揮することになった。

## 説得力のある補遺　1905年のその日

「物体の慣性はそのエネルギー含量によるのか?」と題された論文は、1905年9月27日に『アナーレン・デア・フィジーク』誌に受理され、同年11月21日に刊行されて、アインシュタインの「奇跡の年」論文の最後の1本となった。アインシュタインがどのようにしてその結果を得たのか理解するうえでも、この画期的な出版物がもつ簡潔ながらも、驚くほどの影響力を評価するうえでも、この論文を詳しく掘り下げてみるのは重要だ。

この論文は次のように、彼の特殊相対性の論文「運動物体の電気力学について」から先へ進むことを明らかにする言葉で始まる。「最近、私が本誌に寄稿した電気力学の研究結果から、非常に興味深い結論が導かれたので、それをここに記すことにする」

アインシュタインはそれから出発点を示す。先の論文では、光が一定速度で進むことと、物理の法則は、互いに一定の速度で動いている2つの物体であれば、どちらを参照しても変わらないという原理を利用した。これらの原理にもとづいて、光線のエネルギーが、私たちがそれと同じ速度で動いた場合にどう変わるかを示す方程式を彼は引きだしたのである。

　これは重要な点だ。通常、動いている別のものにたいしてこちらも動くと、その物体の相対的な速度は私たちの視点からすれば変わる。そこでたとえば、時速50マイルで私が1台の車のほうへ向かっていて、その車もまた時速50マイルで私に向かって進んでいたとすれば、2台の車が出合う相対的な速度は（それぞれの運転手の視点からすれば）時速１００マイルになる。しかし、もし私が光線に向かって、または光線から遠ざかるように車を運転したとしても、光線はまるで私が静止しているかのようにまったく同じ速度で追いつくだろう。だが、これは何ら変化がないことを意味しているのではない。

　その光を一瞬、波として思い浮かべてみよう。私がそれに向かって動いていれば、光の波の山がくるたびに光源に近づくので、その波は押しつぶされ、私の視点からすれば、波長が短くなる。光はスペクトルの青側へと変化することになる。同様に、私が光から遠ざかれば、波長は引き伸ばされ、光は赤へと変わる。波長が短ければ短いほど、光子がもつエネルギーは大きくなる。そのため、私が光線に近づくと、光はそれ以上に速く進まなくても、そのエネルギーは増すことになる。

　アインシュタインはエネルギーの変化を、次の方程式を使って論文のなかで示した（数式１）。

$$l^{*}=l\frac{1-\frac{v}{V}\cos\varphi}{\sqrt{1-\left[\frac{v}{V}\right]^{2}}}$$

数式１

　これは少々ややこしく見えるが、この式に含まれているものはかなり単純だ（現代人の目からすれば、アインシュタインが選んだ記号は理想的ではないが）。「cos $\varphi$」の部分は無視することができる。これはただ光が私たちに向かってまっすぐ進んでいない可能性を考慮したものだ。ここでの$\varphi$は進行方向から光線がずれて差し込む角度を表わす。それを除けば、光のエネルギーと私たちが移動した場合としなかった場合（それぞれ$l^*$と$l$）と、私たちが動いている速度（$v$）を光速（$V$）で割ったものとの単純な関係になる。

特殊相対性理論を検討したことがある人ならば、その平方根の除数〔分母〕に、通常、独自の記号のγ〔ガンマ〕で表わされる値があることに気づくだろう。この記号は特殊相対性の計算でじつによく登場するものだからだ。時間の遅れや長さの収縮、質量の増加の影響を計算させてくれるのは、その〔ローレンツ〕因子なのだ。

アインシュタインはそこで物体が、それぞれ反対方向に進む2本の光線を発することで一部のエネルギーを失う特定の状況を想像する。彼は物体のエネルギーをそれ自体の座標系（物体が静止している場所）から見た場合と、物体が速度をもつ移動する座標系から見た場合で計算した。彼はその後、同じ計算を、光を発したあとのこれらの物体のエネルギーでも行なった。光という形で失われたエネルギー量が減ったものだ。前述の方程式で光のエネルギーが変化するため、これらは異なるものになる。このことから、アインシュタインは光を発することによる運動エネルギーの変化を、次のように推論することができる〔数式2〕。

$$\frac{L}{V^2}\frac{v^2}{2}$$

数式2

ここでは$L$は光のエネルギーで、$v$は運動の速度、そして$V$は光速である。移動する物体の運動エネルギーは、学校で習ったように、$\frac{1}{2}mv^2$ である〔$m$は質量)。したがって、これが前述の方程式にも当てはまるならば、光が放たれたときに $L/V^2$ だけ質量が減少するのがわかるだろう。アインシュタインは私たちに、$m=L/V^2$ だと言っているのである。

これをもっとお馴染みの記号で表現してみよう。彼は $m=E/c^2$ だと言っているのだ(c は光速)。もしくは、少々それを整理すると、$E=mc^2$ となる。

さらに、アインシュタインはこれが単に光の放出に関することだけでないことを明確にしていた。「ここでは明らかに、物体から引きだされたエネルギーが、ほかの種類のエネルギーではなく、放射エネルギーに変わるかどうかは必然的ではないため、より一般的な結論が導かれる。物体の質量はそのエネルギー含量の尺度なのである」。彼はさらに、エネルギーが特定の量で変わるならば、質量はその量を光速の2乗で割った適切な単位の値で変化するとも言う。

最後に、アインシュタインは「5日目」に見た放射能に関するマリー・キュリーの比較的新しい発見にもとづいて、次の見解を述べている。「この理論はおそらくエネルギー含量が大きく変化する物質を使って(たとえばラジウム塩)試せば立証できるだろう」

## われは死となり、世界の破壊者となった

第二次世界大戦中に原子爆弾が開発されたアメリカのロスアラモス研究所所長のロバート・オッペンハイマーは、最初の核兵器実験に立ち会った際に、ヒンドゥーの経典『バガバッド・ギーター』からの一節「われは死となり、世界の破壊者となった」が脳裡に浮かんだと語った。

その兵器は、アインシュタインの3ページからなるこの論文と直接関連している。核分裂反応のなかで、原子核が分裂すると、結果的に物質の質量全体が減り、エネルギーの放出という形で発散される。それ自体では核兵器をつくるのに十分ではない。方程式の「$c^2$」の部分ゆえに（光速は大きな数字である）、失われる質量は少なくても、放出されるエネルギーは大きい。しかし、1個の原子核の質量はわずかであり、質量の減少は全体でも滑稽なほど少ない。たとえば、ウラン235[1]が崩壊すると、素粒子物理学者の使うエネルギー単位でおよそ200MeV（メガ電子ボルト）のエネルギーを生みだす。これはおよそ1ジュールの30兆分の1である。たとえて言えば、標準的なLED電球がおよそ40億倍多くのエネルギーを毎秒放つようなものだ。

アインシュタインが恐ろしい実用レベルに気づくのに要したものは、連鎖反応の概念だった。その発案者であるハンガリーの物理学者レオ・シラードによれば、連鎖反応は信号が変わるのを待っているあいだに夢想した概念だった。シラードは当時、ロンドンのラッセル・スクエアにあるインペリアル・ホテルに滞在しており、サウサンプトン・ロウがこの広場に入る場所で道路を横断しようと待っていた。待っているあいだ彼の頭に浮かんだのは、アーネスト・ラザフォードの吐き捨てるような言葉だった。

1933年に、アメリカの『ヘラルド・トリビューン』紙のインタビューを受けたとき、ラザフォードはこう述べた。「原子を崩すことで生みだされるエネルギーは、非常にお粗末なものです。これらの原子の変容に力の源泉を見いだそうとする人は誰でも、荒唐無稽なことを話しているのです」。崩壊する原子によって発生するエネルギーの量は微量なので、これはもっともだ。「しかし」と、シラードは自分のひらめきを思い返しながら言った。「突然思いついたのは、もし中性子によって分裂する元素が見つかって、

1個の中性子を吸収したとき2つの中性子が放出され、そのような元素が十分に大きな質量にまで集められれば、核の連鎖反応を維持できるということだった」。これは銀行口座で複利の利子がついているようなものだ。中性子を1つ投資すると、代わりに2つの中性子が戻ってくるのだ。次にこの両方を投資すれば、4つに増える、という具合になる。このプロセスは抑制すれば自己持続してエネルギーを生みだすものとなるし、反応するたびにその割合を2倍にして暴走させることも可能だった。

制御された自己持続的な連鎖反応は、原子力エネルギーの土台である。これは原発事故というもっとも恐怖があるにもかかわらず、二酸化炭素の排出量が少ないエネルギー源であり、同じだけの量のエネルギーを生みだす石炭などの化石燃料と比べて、はるかに少ない人命しか奪っていない。かたや暴走反応は、オッペンハイマーのチームがトリニティ原子爆弾実験や、日本の広島と長崎に投下された2発の原爆で放出させることになるものだ。

アインシュタインは、原爆の開発につながる核研究を行なう必要性を肯定する内容の手紙を、アメリカのフランクリン・ローズヴェルト大統領に書くように説得されていた。そのような装置をつくるための開発が、ナチス・ドイツですでに進んでいる懸念があったためだったが、彼は自分の単純な見解が、そのような恐ろしい兵器に変わったことをのちにずっと後悔することになった。

## アインシュタインの人物像

幸せな中流階級の家庭に生まれたアインシュタインは、幼いころから独立心旺盛な思想家であり、その姿勢は終生変わらなかった。学校時代の成績はいつも非常にまちまちだった。関心をもった教科は大いに努力したが、関心がない教科からはどうにかして逃れようとするのだった。彼にとっては、集団に従い、規則に忠実であるよりは、独自の方法で物事に当たるほうがずっと幸せだった。19世紀末の規律正しいドイツに暮らす人にとっては居心地の悪いものの考え方だ。中等学校は退屈だった。アインシュタインは何にもなれない怠け者だと言われていた。彼が15歳のとき、一家が引っ越しをしたことで、事態は一気に悪化した。

　アインシュタインの父ヘルマンは、どうにか事業をつづけようとして苦闘していた。羽振りのよい弟のヤーコプから一家でイタリアに移住して、そこで事業を興してはどうかと提案されると、ヘルマンはそれを実行し、アインシュタインだけをミュンヘンの下宿に残して学業をつづけさせることにした。半年も経たないうちに、アインシュタインは我慢の限界に達し、かかりつけの医師と数学の教師に、学業ではまったく結果を出しておらず、神経衰弱に陥る危険があるという旨の手紙を書いてもらった。アインシュタインはこれらの手紙を校長に差しだし、学校を辞めますと告げた。校長も、アインシュタインはどのみち退学させられるところだったとやり返した。

　イタリアのパヴィーアに向かってそこで家族と合流したアインシュタインは、元気潑剌《はつらつ》として見えた。だが、おそらくそのような行動を取った理由は、その後、1年間の兵役に就かなければならなくなる数ヵ月前にドイツ国籍を放棄したとき明らかにしていたのだろう。アインシュタインにはどこか通える学校を探す必要があった。名門のチューリッヒ工科大学（ETH）に願書を出したが、不合格だった。通常の入学年齢よりも1年早くに入学を試みていたのだ。そこで、1年間をスイスの学校で過ごし、2度目の挑戦でETHの入試をかろうじて突破した。それまでと同様に、数学と科学では非常に優秀だったが、人文科学の教科は足を引っ張ることになった。

アインシュタインはETHでは、ほとんど勉学に時間を費やさず、凡庸な学位を取得した。当時の彼にとってより重要だったのは、ミレヴァ・マリッチと出会ったことだっただろう。彼女は現代のセルビアの出身の学生仲間だった。2人は付き合い始め、マリッチは未婚のまま1902年に娘のリーゼルを産んだ。教師として臨時の職に就いただけのアインシュタインの収入は少なく、2人はリーゼルを養子に出したようだ。彼女の存在は秘密とされ、1980年代になるまで表沙汰にはならなかった。

1902年の夏、アインシュタインは特許庁で職を得て、翌年1月にはマリッチと結婚することができた。1905年に「奇跡の年」を迎えると、安定した仕事にも就けるようになったが、特許庁には1909年まで勤めた。そのころには学者としての地位は十分に高まり、大学のポストに次々に就くことになった。アインシュタインはほとんどの時期を単身赴任で過ごし、家族はスイスに残っていた（マリッチとのあいだには2人の息子がいて、1904年にハンス・アルベルト、1910年にエドゥアルドが生まれた）。1917年には、ベルリン大学在職中に一般相対性理論の研究をしたうえに、カイザー・ヴィルヘルム物理学研究所を設立し、その所長を務めていたために疲弊し、アインシュタインはほぼ1年にわたって自宅療養を余儀なくされた。そのとき身の回りの世話をしてくれたのが、いとこのエルザ・ルーヴェンタールだった（最初の結婚前は彼女自身もアインシュタイン姓で、このころには離婚していた）。

いとこ同士のあいだには愛情が芽生え、アインシュタインはマリッチと離婚の交渉をし、もしノーベル賞を受賞したら、そのお金を彼女が受け取るという条件で合意した。彼は1919年6月にルーヴェンタールと結婚した。1920年代は穏やかな日々がつづいたが、ヒトラーが台頭すると、アインシュタインはユダヤ人家庭に生まれたため、たとえ熱心なユダヤ教徒ではなくとも、新たに移住を考えるべき切迫した理由がもたらされた。1933年10月に、アインシュタインはアメリカのニュージャージー州プリンストンに移住し、残りの生涯をそこで暮らし、創設されたばかりのプリンストン高等研究所に勤めることになった。

アメリカで暮らした年月に、アインシュタインが科学的な突破口を開くことはなかったが、若手の物理学者たちが業績を築くための手助けはしていた。彼は建国されたばかりのイスラエルの初代大統領に就任するよう要請されたが、その申し出を断っている。平和主義者を公言していたという意味では、彼は政治的な人だったが、政治活動に人生を捧げることは望まなかった。幼少期からつづいていたアインシュタインの一面は、音楽への関心だった。彼はバイオリンの名手であり、しばしば演奏する機会を設けていた。

## 暮らしを一変させたもの

### 原子力

質量とエネルギーの関係に関するアインシュタインの論文がもたらした建設的な結果は、原子力の開発だった。原子力産業にたいする評価は、いくつかの事故が起きたせいで割れているが、総じて非常に安全な産業であり、発電量を考えれば、化石燃料よりもはるかに少ない死者しか出していない。気候変動の影響を緩和するために低炭素燃料に移行するなかで、原子力エネルギーは将来性をもちつづける。

## 核兵器

アインシュタインのこの論文について、核兵器の亡霊を呼び起こさずに議論することはできない。最初の核兵器は、アインシュタインが論じた原則そのものを利用し、連鎖反応の概念と組み合わせた核分裂兵器だった。だが1960年代から、核兵器の大半は核融合爆弾（いわゆる水素爆弾）となった。これは確かに質量とエネルギーの均衡を利用し、起爆にはたいがい核分裂爆弾を使用するが、核融合にもとづいた仕組みになっている。つまり、主要な爆発を起こすために、核分裂ではなく、太陽のエネルギー源と同様のものが利用されている。

### 注

▼1　これはウランの同位体で、原子核内に合計で235個の陽子と中性子がある。元素の同位体はいずれも陽子の数は同じだが、中性子の数が異なる。ウラン235は核分裂連鎖反応に必要な同位体である。

DAY 7

## Saturday, 8 April 1911

*Heike Kamerlingh Onnes – Discovery of superconductivity*

【7日目】

# 1911年4月8日(土)

## ヘイケ・カメルリング・オネス

——超伝導の発見

**カメルリング・オネスの略歴**

物理学者
功績――超伝導

1853年9月21日　オランダ、フローニンゲン生まれ
学歴――ハイデルベルク大学とフローニンゲン大学
1882～1923年　ライデン大学で実験物理学の教授
1887年　マリア・バイレフェルトと結婚
1904年　現在のカメルリング・オネス研究所を創設
1913年　ノーベル物理学賞を受賞
1926年2月21日　オランダのライデンにて72歳で死去

具体的な発見日というものはたいがい特定しにくいが、オランダの物理学者ヘイケ・カメルリング・オネスの場合は、実験ノートに彼の悪筆で殴り書きされたなかから超伝導の発見日は判明している。非常に低温にすることで電気抵抗が消える超伝導は、きわめて強力な磁石をつくって、電流を少しも失わずに送ることを可能にし、大型ハドロン衝突型加速器や病院の磁気共鳴画像法（MRI）スキャナー、超高速の浮上式鉄道〔リニアモーターカー〕などの設備に応用されている。この発見は、カメルリング・オネスの性格と管理方式ゆえにというより、それにもかかわらず生じたと言われる。彼のやり方は父権主義的で威圧的だった時代の標準からしても、時代遅れのものだった。それでも、彼の発見は長期にわたって影響力をもつようになり、今後もまだそれがつづくだろう。

## 1911年という年

この年には、最初の公式な郵便機が飛行し、タイタニック号の姉妹船である郵便船オリンピック号が処女航海に出たほか、イギリスのジョージ5世の戴冠式が行なわれ、ワシントン州タコマで製菓会社マースが創業した。ペルーではハイラム・ビンガムによってマチュ・ピチュが再発見され、ルーヴル美術館からモナリザの絵が盗まれ、武昌蜂起が起こって中華民国の建国につながる革命が始まった。自動車製造会社シボレーが創業し、アーネスト・ラザフォードが同僚とともに原子核を発見したほか、ロアール・アムンセンが南極点に到達した。この年生まれた人には、アメリカの俳優ダニー・ケイにヴィンセント・プライス、アメリカの俳優であり大統領だったロナルド・レーガン、アメリカの戯曲家テネシー・ウィリアムズ、フランスの大統領ジョルジュ・ポンピドー、アメリカの物理学者ジョン・ウィーラー、アメリカの女優ジンジャー・ロジャースにルシル・ボール、カナダの著述家マーシャル・マクルーハン、イギリスの作家ウィリアム・ゴールディングなどがいる。物故者には、イギリスの科学者フランシス・ゴルトン、オーストリアの作曲家グスタフ・マーラー、イギリスの劇作家W・S・ギルバートなどがいた。

## 温度の尺度

「3日目」のカロリック説と熱力学の発展で見たように、熱と温度はどういうものか理解される以前から経験が先んじていたテーマだった。本物の温度計が初めて導入されたのは、18世紀になってからのことで、このとき最も馴染み深い温度の尺度である華氏と摂氏も採用された。現在は科学者と見なされているガリレオやアイザック・ニュートンに、近代の温度の概念がなかったことを考えると不思議である。華氏と摂氏は実用面では役に立つが、もともと欠陥があった。

私たちに最も馴染みのある温度の尺度が当てにならないことは、ニュース報道で常日頃生じている誤解のなかでも示されている。気候変動の分野から例を挙げてみよう。地球の平均気温（温度）である。これは地球温暖化の尺度だ。1900年には、この温度はおよそ13・8℃だった。そのころから約1・1℃または1・2℃上昇している。何ら手を打たなければ、21世紀末には5℃も上昇する可能性がある。そのような上昇はときおり36％の上昇と表現される。5は13・8の36％だからだ。

本書では、温度は摂氏と華氏の双方で表記されてきた。前の段落では意図的に華氏の換算値は省いてあった。華氏には問題があるからだ。華氏を使うと、1900年の平均気温は56・8°Fとなり、今世紀末までに上昇する可能性のある温度は9°Fとなる。同じ計算をすると、温度の上昇は16%となる。どういうわけか、変化する温度の尺度によって気候変動の影響が半分に減るようなのだ。これは控えめに言っても、ありえそうにない。

この混乱が生じる理由は、冷凍庫と冷蔵庫に入れたものを比べた場合に強調されることになる。私の冷凍庫はなかのものをマイナス18℃に保ち、冷蔵庫は4℃で保存する。温度差のパーセンテージはいくつになるだろうか？　一般には上昇率を計算する方法は、上昇分、ここでは22℃に100をかけて（すなわち2200）、それを上昇前の初期値で割る。この場合、その数字はマイナス18なので、算出された上昇率はマイナス122・22……となり、これは意味をなさない。ゼロで始まらない尺度で変化率を特定することはできないのだ。現実の世界では、負の個数のものを所有できないように、負の値の温度もありえないのである。

## 冷たさの終わり

ゼロで始まる温度の尺度があったならば、冷たさの下限がなければならないだろう。そして、驚くべきことに、そのような状態が可能だという考えは、現代の温度計や温度の尺度、またはどれだけ寒く感じるかといった表現以外の温度の有益な定義が考えだされる以前から生じていたのである。ニュートンと同時代の初期の化学者であるロバート・ボイルは、1665年に出版した壮大な題名の著書『低温に到達する新しい実験と観察、すなわち低温の実証的な歴史に、反対状況の検討と「最低低温《プリムム・フリジドゥム》」の概念に対処したホッブズ氏の低温に関する原則の検討を加えて始めたもの』の１章をその問題に割いた。

確かに、ボイルの主要な目的は、「何かしらの物体が、それ自体の性質によってきわめて低温であり、それが加わることで、その他すべての低温の物体が同じ資質を得る」可能性に反論することだった。彼は最終的にこう述べた。「この問題に疑念を発することにたいする私の意図は、ほかの人びとが最低低温についていだくまことしやかな見解を、完全な間違いとして否定することよりも、これはむしろ私がなぜそれらを疑わしいと考えるのかを説明するためだからだ」。だが、ボイルはじつはこの概念を疑うことに52ページを割くのは良識的であると感じていたのである。

実際には、「最低低温」は反カロリック的な物質として考えられていた。そのため、ボイルの疑念は現実的なものだった。だが、１７００年代の初めに温度計が登場すると、温度の下限はもっと定量的な推論の領域となった。フランスの自然哲学者ギヨーム・アモントンは、空気の量が水銀柱を支える高さで、温度を測定する温度計を考案した。気温が下がると、空気の容量は減った。この容積は永遠に下がるわけではないため、明らかに下限がなくてはならなかった。このことは、当時の熱の理論とよく合致していた。熱が物体内のカロリック流体の量を反映していたのだとすれば、そのカロリックをすべて失って、ほかに行き場がない点がどこかにあるに違いなかった。１７９８年にマンチェスター文学哲学協会が発表した注記で明らかにされたように、「絶対零度」という用語が最初に使われたのは、「カロリックが絶対的に欠乏した点」があるという考えを反映していた。

この限界を計算する試みは何度かなされた。マイナス２７０℃からマイナス２４０℃（マイナス４５

4°Fからマイナス400°F）の範囲とする人もいたし、ジョン・ドルトンの予測のようにマイナス3000℃（マイナス5368°F）まで下限を下げた人もいた。しかし、この下限を正確に突き止め、その存在を疑いのないものとして立証するのを可能にした気づきは、熱力学の発展を通じて得られたものだった。温度は原子と分子の動きの運動エネルギーの尺度であることが理解されると（のちに原子の周辺の電子のエネルギーレベルを含むという条件がついた）、絶対零度の明らかな最小値が見えた。そのようなすべてのエネルギーが最小となる点である。

スコットランドの物理学者ウィリアム・トムソン（ケルビン卿）は、新しい温度尺度、つまり絶対目盛り、別名ケルビン目盛りを開発する際に、この理解を反映させた。これは絶対零度（マイナス273・15℃またはマイナス459・67°F）を0として始め、摂氏の温度と同じ幅の単位で上昇する。この目盛りの単位は、現在、ケルビンとして定義されている。そのため、たとえば水の氷点は、273・15Kとなる（単位名称はケルビンであって、ケルビン度ではないことに留意）。

## どこまで下がれるのか？

温度にそのような下限があるとすれば、この極値の調査を試みるべき理由は十分過ぎるほどある。難題は周囲の温度よりもはるかに低い値まで、どうやって温度を下げるかであった。1758年には、イギリスの化学者ジョン・ハドリーとアメリカのベンジャミン・フランクリンがケンブリッジ大学で行なった共同研究で、エーテルやアルコールなどの揮発性液体の蒸発を利用して、水の凝固点をかなり下回る温度が人為的に初めてつくりだされた。液体から気体に変化させるにはエネルギーを必要とするので、蒸発は温度を下げる。扇風機が肌から汗を蒸発させて、身体を冷やすのはこのためだ。ハドリーとフランクリンは実験によってマイナス14℃（6℉）前後まで到達した。

マイケル・ファラデーの数多くの業績の一つは、高圧と低温を組み合わせることで、さまざまな気体を液化したことだったが、酸素や水素のような一部の気体は液体にはできないと彼は考えていた。科学者が既存の最低低温を出発点にして、さらに低い温度を出現させるなかで、この試みはつづき、それがヘイケ・カメルリング・オネスの華々しい研究成果へとつながった。1908年7月にライデンの研究所で、彼は最も液体になりにくい気体であるヘリウムを液体化することに成功し、1・5K前後の温度まで到達した（マイナス271・65℃またはマイナス456・97℉）。

カメルリング・オネスが1913年にノーベル物理学賞を受賞したのは、このためだった。このときの記録は、「低温での物質の特性にたいする彼の調査で、とりわけ液体ヘリウムの生成につながったもの」であると述べていた。

それ以来、私たちは大きく進歩を遂げており、絶対零度に驚くほど近い値——約100億分の1ケルビン——まで到達しているが、最終的な限界には決して達成しないことを強調しておくべきだ。熱力学の第3法則は正確にはエントロピーの変化に関するもので、有限の回数の手順では、絶対零度に到達する方法はないことを意味する。ときおり絶対零度よりも低い温度を生みだしたかのような実験が行なわれているが、これは意味をなす形ではありえない。

これらの「マイナスの絶対温度」が反映するものは、熱力学におけるエントロピーの利用である。そのような効果が生じる状況は、粒子の大半が非常に高エネルギーの（ただし、運動エネルギーではない）気体が存在する場合だ。高エネルギーと、その構成要素をまとめる方法がわずかにしかない状況の組み合わせは、気体内で通常のエネルギーの配置が逆転していることを意味する。この状況は、その中身が絶対零度よりも冷却されていないにもかかわらず、どこか人為的に、マイナスの絶対温度になったものとして表現されてきた。

## 転移　1911年のその日

ヘリウムの液化に成功したカメルリング・オネスは、そのような極端な低温が物質のふるまいにおよぼす影響を発見しようと決意を固めていた。低温で固体状態の水銀がどれだけ電気を伝えるかを測定したとき、彼は4・2Kで衝撃的な転移が起こることを発見した。ある物質が電気を通す場合、電気エネルギーの一部は電気抵抗で失われて熱になる。これは電気エネルギーを運ぶ電子と物質の構造のあいだの相関関係であることがいまではわかっている。だが、この低温になると、カメルリング・オネスは水銀が突如としてどんな電気抵抗ももたなくなることを発見した。

本書で取りあげた主要な日の大半は、その発見が世界に知られた論文の発表日をもとにしている。ところが超伝導の場合は、1912年に発表された彼の論文「水銀の抵抗が消える突然の変化率について」の発表日で済ますわけにはいかない。これはカメルリング・オネスが非常に正確な日時を彼の実験ノートに書き込んでいたからだ。だが、彼のメモから、この情報を明らかにするのは容易ではない。1911年の発見の記録が、1909〜1910年というラベルが付されたノートで見つかるだけでなく、その内容が鉛筆による唖然とするほどの悪筆で殴り書きされているためだ。

記入日時を4月8日のちょうど午後4時としたカメルリング・オネスは、「クヴィック・ナーフヌッフ・ヌル」と書いた。これは一見すると非常に意味のある見解には思えない。おおむね「ほぼゼロに近いクイック」と訳せるものだ。だが、ここでの「クイック」は「クイックシルヴァー」、つまり水銀を意味し、検出できる抵抗はなかったと彼は言っているのである。この記入から4月8日という日付がわかったが、まだ何年のことかはわからない。さらに悪いことに、このノートの後ろのほうに、彼が1910年5月19日と記した実験のメモがある。ノートのラベルからすれば、1911年の日付だと考えるのは不正確に思われるが、実際には彼は実験を行なうのに必要な機材を1911年4月まで入手できていなかった。

実験に理論が追いつくまでにはしばらくの時間がかかる。当時、電気を通す導体を通じた電子の流れがあって、圧力をかけられた気体のようなふるまいをすることはすでに知られていた。気体が冷えると、それを構成する要素の動きは鈍くなる。したがって、当時多くの人が想定したのは、絶対零度に近づくにつれて、電子は徐々に動きを停止し、抵抗が一気に増すというものだった。カメルリング・オネスは抵抗が下がるだろうと予測した比較的少数の一人だったが、ただ〔到達できない〕絶対零度でしか無抵抗にはならないと信じていた。彼はこの現象〔日本語で超伝導と呼ばれる現象〕をたいがいは「スプラコンダクティヴィティ」と呼んでいたが、ときおり「スーパーコンダクティヴィティ」の用語も用いており、双方が数十年にわたって使われつづけた。もっとも、現在ではスーパーコンダクティヴィティが〔超伝導の英語名として〕標準となっている。

無抵抗というのは、たとえばループ状になったそのような素材では、系内にエネルギーが追加されなくても永久に電流が流れることを意味する。そのような低温に到達することが難しいことを考えれば、電気抵抗が完全にゼロになったことを証明するのは容易ではなかった。物体の抵抗を測定する典型的な方法は、その物体に一定の電圧をかけることだが、この場合はともかく計器の測定限界を超えてしまう。学校では、電圧と電流、抵抗の関係は単純な方程式 $V=IR$ で得られたことを記憶している人もいるだろう。

これはつまり、$R$ の抵抗に $V$ の電圧を加えると、$V/R$ の電流〔$I$〕となることを意味する。しかし、$R$ がゼロになれば、電流は無限大になってしまう。何かは変わらなければならない。現実にはそのような電流が自己制御することが判明するはずだ。電流を送る電子の供給量は有限であるのに加え、そこで形成される磁場も最終的には超伝導を無効にするだろう。ところが、電流の急上昇は止められず、しまいには測定するのは非現実的となった。

この抵抗の消滅が現実に意味することには2つの重要な側面があった。1つは抵抗がなければ、熱によって失われるものがないということだ。現在、あらゆる電線はエネルギー〔の一部〕を熱として失っているが、かりに電線を超伝導にすることが可能であれば、すべてのエネルギーを送ることができるだろう。2つ目は、電磁気の強さはそこに流れる電流しだいであるということだ。超伝導の物質でつくられた電磁石は、従来の磁石よりはるかに強い磁場を生みだすことが可能で、これはＭＲＩスキャナーから、粒子加速器やリニアモーターカーまで、あらゆるものにおいて有益であることが立証されている。

### マイスナー効果

1933年にドイツの物理学者ヴァルター・マイスナーとローベルト・オクセンフェルトがベルリンの物理工学院（PTB）で、超伝導の興味深い特性であるマイスナー効果を発見した。

「2日目」に見てきたように、電場と磁場という概念はマイケル・ファラデーが考えついた。一般的には、磁場は電磁気の効果によって歪められはするものの、空間に張り巡らされ、物体を貫通する。しかし、超伝導が始まる転移温度で、導体は突然その内部の磁場を完全に排除して、物質の外へ追いだす。これは超伝導の効果を示すきわめて劇的な実証実験となる。電気伝導体の上に設置した普通の永久磁石が、この導体が超伝導になって磁場を追いだすと、その上に浮上し始めるのである。

測定器を使って抵抗を測ろうとする代わりに、カメルリング・オネスはループ状の半導体の周囲に電流を流し始め、このごく基本的な電磁石によって生じる磁場を測定した。このループに何らかの抵抗があれば、熱が発生するにつれて、電流は徐々に減少して磁場も減るだろう。カメルリング・オネスはヘリウムを数時間しか液体状で保てなかったが、その間、磁場の強さには測定可能な減少は見られなかった。同様の実験は技術が向上した1950年代にも行なわれ、1年半にわたって継続されたが、磁場には検出できる低下は見られず、よって電流も減少しなかった。

## 「高温」超伝導体

超伝導体のふるまいは驚異的なもので、送電の強化や超強力磁石の製造にきわめて役立つ可能性がある。しかし、現代の低温技術はカメルリング・オネスの時代から格段に向上したとはいえ、4K以下まで温度を下げるのは今日でも並大抵のことではない。何といっても、マイナス269・15℃（マイナス452・47℉）の話をしているのだ。しかし、導体となる特殊素材を開発することで、実験から徐々に超伝導が生じる温度を20Kから30Kの範囲に上昇させることができた。それでもまだきわめて低温だが、ごくわずかに実現可能となった。ところが、1950年代に超伝導の仕組みに関する基本理論が構築されると、そこが行き止まりであるかのように思われた。そして、その前後の低温が30年あまりにわたって限界でありつづけた。しかし、優れた物理学者のモットーは、「ありえないと決めつけない《ネヴァー・セイ・ネヴァー》」ことなのだ。

## BCS理論

従来の超伝導の説明には量子論を発展させる必要があった。量子論は、カメルリング・オネスが発見をしたころにはまだ揺籃期にあった。導体内の電流は電子によって運ばれる。電子は導体の原子の外側にごく緩く結びついただけの存在で、導体の原子の格子を抜けてすぐに分離して漂いだす。そのような原子は固体内であってもつねに動いているので、電子は原子格子と何かしらかかわって電気抵抗を生じさせることなく、そこを通り抜けるのは難しい。

アメリカの3人の物理学者ジョン・バーディーン、レオン・クーパー、ロバート・シュリーファーが、のちにBCS理論と呼ばれるようになるものを構築して、超伝導現象を解明した。クーパーはそれ以前から、低温において2つの電子間に相互作用が生じている可能性に言及していた（想像上でクーパー対《ペア》として知られていた)。これは導体の結晶格子内で振動によって一緒に結びつき、1つの粒子であるかのように動けるものだ。一方、このような振動には電子の対をたちまち崩す傾向もある。ところが、非常に低温では、電子の対は量子的存在になって正確な居場所をもたなくなり、十分に重なり合って凝縮体という1つの存在になることができる。これによって電子は格子の振動にも煩わされなくなり、その場に存在しないかのように、格子のあいだを浮かんで、何ら電気抵抗を発生させなくなる。

1987年3月に、ある研究者チームが90Kで超伝導が生じた最初の事例を発表した。これは導体の候補としては考えにくいセラミックを利用して達成されたものだった。セラミックは非金属の結晶物質であり、最もよく知られるセラミックは良質の絶縁体なのだ。2万5000ボルトの鉄道用ケーブルを分離する場所や、6桁の数字の電圧が流れる架空送電線を鉄塔と隔てたりするところに使われている絶縁体を眺めれば、通常そこには複数の畝のある物体が見られるだろう。これらはセラミックの絶縁体なのだ。

このような従来のセラミック(および陶磁器として使われるもの)は一般に珪酸塩でできているが、高温超伝導体のセラミックはバリウム、銅、イットリウム、酸素を含むより複雑な構造のものだ。新しい超伝導体がどんな働きをするかは誰にも明らかではなかった。前述した理論がこの種の超伝導を説明できるはずはなかった。その結果、理論にもとづいて新たな超伝導の素材を生みだそうとする代わりに、実験者たちは高温でも超伝導体として作用する物質を探しだすために、ありとあらゆる配合を試す方法に頼らざるをえなかった。1年も経たないうちに、超伝導は当初の元素の一部をストロンチウムとビスマスに換えることで、125Kでも可能になったことが報告された。

それ以来、もっと高温の、室温に近い温度でも超伝導が観測されたとする報告がいくつも出てきたが、いずれもいまのところ再現可能ではなかった。しかしながら、今日でも室温の超伝導体を製造するための努力はつづいており、セラミックの超伝導体の奇妙な構造をより深く理解することでそれを支えている。正確なメカニズムはまだ定かではないものの、こうしたセラミックがそのふるまいに関与していると思われるからだ。

とはいえ、そのことが新しい超伝導物質の重要性を損なうことはない。最初の実験で使われた液体ヘリウムは相変わらず入手するのが難しく、製造コストがかかるうえに、扱いにくいものでもある。しかし、液体窒素は77Kで沸騰するため、新しい超伝導素材とするのに十分なほど低温となり、容易に手に入るうえに（食品を急速冷凍するために高級料理店のシェフすら使用するほどである）、安価で比較的扱いやすい。

## カメルリング・オネスの人物像

ニュートンやアインシュタインとは異なり、ヘイケ・カメルリング・オネスの生涯はあまり記録に残されてはいない。しかし、彼の人柄については何かしら言うことはできる。20世紀初めには、まだ社会的地位にかなりの格差があったが、当時の水準からしても、カメルリング・オネスは昔気質《かたぎ》の人物だと考えられていた。彼の研究所は軍隊に近い様式で運営されていたようで、かなりの数の職員が雇われていたのに、その科学論文の多くは、伝統的な単独の科学者であるかのように、彼だけが著者となっていた。科学が家柄によってではなく、技能と能力によって推進される民主的なものに変わりつつあった時代には、彼は家父長的で高圧的な人物と考えられていた。

たとえば19世紀初頭には、恵まれた家庭の出ではないマンチェスターの化学者ジョン・ドルトンは珍しい存在だったが、カメルリング・オネスが超伝導を発見した時代には、事態は変わり始めていた。それでも、ノーベル賞のカメルリング・オネスの履歴はこう書く。「人として魅力にあふれ、博愛的な人間性を備えた人物である彼は、第一次世界大戦中も戦後も、科学者間の政治的対立を緩和し、食糧不足で苦しむ国々の飢えた子供たちを援助するために非常に積極的だった」。こうした公式の履歴は個人の好ましくない点を省いた見解を作成しがちであるが、より広い世界で博愛的であることと、私的領地のごとく研究所を運営することのあいだに、重大な矛盾があるわけではない。

カメルリング・オネスの研究所に厳格な序列があったと思われることと、1912年にデンマークの物理学者ニールス・ボーアがマンチェスターのアーネスト・ラザフォードの研究所に入ったときに見た状況を対比してみるのは面白い。マンチェスターでは、「ラザフォードの弟子のあいだで1912年春に、原子核の発見によって開かれた物理学と化学全体の新しい展望にたいする熱意」を味わったとボーアは述べた。イギリスの物理学者J・J・トムソンと仕事をした際は、カメルリング・オネスの研究所と同様の、冷たくよそよそしい対応を受けたようで、マンチェスターで取られている手法のほうが自分の考えを展開させるうえではるかに役立つとボーアは感じていた。マンチェスターでは毎日午後、紅茶とケーキ付きの気軽な集まりで新しいアイデアを語る機会があって、ラザフォードがその進行役を務めることも多く、ほかにもより正式な金曜の午後の会議があった。ボーアにとっての大きな違いは、このもっと協力的で、情報が共有されるやり方であったようだ。ラザフォードの研究所では、人を高揚させる雰囲気のなかで量子原子が構想されていた。カメルリング・オネスの助手たちも、同じだけの自由があると感じていたとは考えにくい。

## 暮らしを一変させたもの

### MRI

MRIスキャナーは、20世紀に医療診断に加えられたきわめて重要なものの一つで、体内の陽子の磁気配列を反転させるためにきわめて強力な磁石が必要になる。そのような強力な磁場は超伝導電磁石が開発されて初めて可能になった。

### 磁気浮上

強力な磁場のもう一つの応用法は、浮上式鉄道〔リニアモーターカー〕である。これらは超伝導電磁石にもとづく磁場を利用して、軌道上に列車を浮かせ、従来の線路で実現できる次元を超えたスピードでの走行を可能にするものだ。試験的な浮上式鉄道では時速600キロを達成している。本書の執筆時点では、完全に実用化された浮上式鉄道はごく一握りの短距離のものしかない。たとえば、上海空港と市内間の30キロの距離を時速430キロまで上げて走行するものなどだが、ほかの路線も開業が予定されている。

## さらに

前述した事例では、私たちはまだ超伝導がもつ潜在力の表面を引っ掻いたに過ぎない。これまで見てきたように、超伝導体が働く温度はこれまで予想されていたよりもずっと上昇しており、室温での超伝導体の可能性を探る実験はつづいている。超伝導体はＭＲＩや磁気浮上、さらにはＣＥＲＮの大型ハドロン衝突型加速器など、粒子加速器で使われるような超強力磁石の製造を可能にするだけでなく、電流を熱として失わずに送れることも意味する。室温の超伝導体が実現すれば、化石燃料から移行してますます多くの電気を使うようになる世界で送電方法を様変わりさせるだろう。電子回路はしばしば、回路内で抵抗によって生じる熱によって制限されるが、室温の超伝導体ならば同様に、より複雑な電子回路を同じだけのスペースに埋め込めるようになるだろう。

DAY 8

# Tuesday, 16 December 1947

*John Bardeen and Walter Brattain – First demonstration of a working transistor*

【8日目】

# 1947年12月16日（火）

## ジョン・バーディーンとウォルター・ブラッテン

――実用的なトランジスターの最初の実演

## ジョン・バーディーン略歴

物理学者
功績――超伝導理論、電子工学

1908年5月23日　アメリカのウィスコンシン州マディソン生まれ
学歴――ウィスコンシン大学とプリンストン大学
1938年　ジェーン・マクスウェルと結婚
1945年　ベル研究所に就職
1951年　イリノイ大学アーバナ・シャンペーン校で電気工学と物理学の教授
1956年　ノーベル物理学賞を受賞
1972年　ノーベル物理学賞を受賞
1991年1月30日　マサチューセッツ州ボストンにて82歳で死去

**ウォルター・ブラッテン略歴**

物理学者
功績——電子工学

1902年2月10日　中国福建省厦門生まれ
学歴——ウィットマン・カレッジ、オレゴン大学、ミネソタ大学
1929年　ベル研究所に就職
1935年　カレン・ギルモアと結婚
1952年　ハーヴァード大学の客員講師
1956年　ノーベル物理学賞を受賞
1958年　エマ・ジェーン・ミラーと結婚
1962～1976年　ウィットマン・カレッジの客員講師、のちに教授
1987年10月13日　ワシントン州シアトルにて85歳で死去

これまでの章では、重大な実用的価値をもつことになる物理学の概念の発展を見てきた。しかし、この8日目は、基礎物理学を応用することで、世界を様変わりさせる新たなものが生みだされた3回の出来事の最初の日である。研究の本質の変化もまた、個人が突破口を開くのではなく、チームによる作業に移行したことに反映されている。それによって個々の研究者の生涯を詳細に探ったところで、その発展を理解するうえではさほど役に立たなくなってくる。トランジスターの開発によく関連づけられる人としてウィリアム・ショックレーの名前がよく挙がるが、ベル研究所という知恵のるつぼのなかで、最初の実用的トランジスターとともに1947年のこの日を迎えたのは、ショックレーのために仕事をしていたバーディーンとブラッテンだった。これはまだ電子機器が出現する以前のことだったが、この時点まで電子工学はおもに熱電子弁《バルブ》（真空管）の性能に制限された、使い勝手の悪い技術でしかなかった。トランジスターの開発とともに、電子工学は本格的に私たちの暮らしのあらゆる部分で大きな役割を担い始めるようになった。バーディーンとブラッテンとショックレーの関係は、かならずしも気兼ねのないものではなかった。トランジスターの産みの苦しみは、人間的なものであり、魅力的なものでもあった。

## 1947年という年

この年にアメリカ議会の審議が初めてテレビ中継され、第二次世界大戦後の講和条約がパリで締結され、ポラロイドカメラの実演が初めて行なわれ、世界通貨基金が発足した。テキサス州では肥料の積荷が爆発して500人以上が死亡し、市内の20ブロックが破壊された。デンマークのフレゼリク9世が即位し、フェラーリの第1号車が誕生し、アンネ・フランクの日記が刊行されたほか、ロズウェル「UFO」事件が起こり、パキスタンとインドが独立し、イギリスのエリザベス王女がフィリップ・マウントバッテンと結婚し、最初の電子レンジが売りだされた。この年に生まれた人びとには、イギリスのミュージシャンのデイヴィッド・ボウイとエルトン・ジョン、ブライアン・メイ、日本の首相を務めた鳩山由紀夫、オランダのクリスティーナ王女、インド生まれのイギリスの著述家サルマン・ラシュディ、カミラ・コーンウォール公爵夫人、オーストリア生まれのアメリカの俳優アーノルド・シュワルツェネッガー、イギリスのレーサーのジェームズ・ハント、アメリカの作家スティーヴン・キング、アメリカの政治家ヒラリー・クリントンなどがいる。物故者には、アメリカのギャングのアル・カポネ、アメリカの百貨店創業者ハリー・セルフリッジ、ドイツの物理学者マックス・プランク、イギリスの首相スタンリー・ボールドウィン、イタリアのヴィットーリオ・エマヌエーレ3世などがいる。

## 電子を制御する

マイケル・ファラデーが「2日目」の「実証的研究」を行なった結果、電気はただの興味深い研究対象から、エネルギーを供給する実用的で役立つ手段に変貌を遂げ、急速に化石燃料の一部の利用に取って代わるようになった。これはいまなお進行中のプロセスであり、私たちは気候変動におよぼす影響のために、化石燃料が乗り物からも暖房からも産業からも徐々に消えてゆくのを目の当たりにしている。しかし、エネルギー源としての電気だけが、電子の流れがもつ実用的価値を証明するものではなかった。

1830年代にもすでに、ファラデーは減圧したガラス管に入れた2枚の板に電圧をかけると奇妙な輝きが見られることに気づいていた。前述したように、陰極線管を考案したイギリスの物理学者ウィリアム・クルックスが詳細にわたって調査した現象である。「5日目」に、これらの機器による実験がX線の発見につながったのを見てきた。真空管のなかで電子の流れと判明したものが高速で金属板にぶつかったときに生じたものだ（クルックス管の利用を通じて、J・J・トムソンは電子を発見した）。

トマス・エディソンをはじめ、さまざまな科学者や発明家がクルックス管で実験を行なうなかで、管内で電荷の異なる金属板を用いると、電子の流れに影響がおよぶことが発見された。1904年には、イギリスの物理学者ジョン・フレミングがこれらの効果を実際に利用する方法を発見した。彼は電流によって熱せられた導線と1枚の金属板からなる装置を考案した（のちに、金属板の代わりに導線の周囲に金属製の円筒を取りつけるようになった）。熱せられた導線が電子を解放すると、電流が伝わるようになった。

この装置によって、金属板が正電荷を帯びると電流は一方向に導線から金属板へと流れるが、反対方向には流れなかった。金属板は熱せられないため、自由電子は生じないからだ。同時に、初期の無線受信機では「猫ひげ《キャッツウィスカー》」と英語では呼ばれる鉱石検波器を使用して電波から信号を抽出していたが、これらは使いづらいもので、うまく作動させるにはつねに調整しつづけなければならなかった。フレミングの装置は、フレミングバルブまたは発振弁と呼ばれるもので、鉱石検波器と同じ効果があったが、ずっと安定したものだった。

フレミングがつくりだしたもの〔二極真空管〕は、いまではダイオード（2つの電極《エレクトロード》があるため）と呼ばれるもので、電流をつねに一方向に流し、逆流させないための電子部品となっている。これが最初の事例となる機器の一般的なタイプは、イギリスでは熱電子弁として知られ――熱した導線を使って電子を生じさせ、一方向に弁《バルブ》のように作動させるものであったため――アメリカでは電極の周囲にある真空のガラス管にちなんで真空管と呼ばれていた。

そのような真空管は、アメリカの発明家リー・ド・フォレストによって１９０７年に次の段階に押し上げられた。彼は金網状《グリッド》の導線になった３つ目の電極を、熱した陰極《カソード》と陽極《アノード》のあいだに据えつけた。このグリッドに電圧をかけると、真空管を通じて流れる電流の量が変わった。グリッドにかける電圧をわずかに変えると、陰極と陽極のあいだの電圧に大きな変化が生じた。ド・フォレストの「オーディオン」は三極真空管として知られるようになり、すぐに電子工学の発展を支える柱となった。

三極真空管の価値として重要だったのは、わずかな電流がずっと大きな電流の流れを制御できることだった。これは２つの方法で利用することができた。当時の一般大衆にとって最も重要だったことは、三極真空管がアンプの役割を果たしたことだった。無線受信機や蓄音機の針から生じるわずかな信号がグリッドに送られると、スピーカーに電力を供給できるだけの強い信号となった。

１９４０年代の初期のコンピューターの設計者にとって、三極真空管は別の機能もはたしていた。これはスイッチにもなり、わずかな電流で大きな電流を流したり、止めたりしていたのだ。スイッチは、コンピューターを組み立てるのに必要な論理回路の中心にあるが、当時のコンピューターは一ヵ所に詰め込める真空管の数に限りがあった。真空管はかさばるだけでなく、熱くもなるため、初期の電子コンピューターはとてつもない量の熱を吐きだしていたのである。真空管は故障もしやすく、あまり長持ちしなかった。

コンピューターで真空管をスイッチとして利用することで生じた規模と問題は、ＥＮＩＡＣの構造に見ることができる。これは完全にプログラム可能な最初の電子コンピューターだったが、電子コンピューターとしては、イギリスの戦時中のブレッチリー・パーク暗号解読センターで開発されたコロッサス・マシンに2年近く先を越されていた。しかし、1945年末に稼働すると、ENIACはまず間違いなく、本当の意味で多目的に使える現代のコンピューターの真の始祖となった。しかし、真空管に頼らざるをえないためにENIACはユーザー・フレンドリーとは程遠いものだった。

この巨大なマシンには合計で1万7000以上の真空管があり、奥行30メートルの部屋をいっぱいにし、重さは27トンあって、動かすために150キロワットの電力を必要とした。その電気エネルギーの大半は熱を発生させていた――それぞれの真空管の陰極は要するに小型の電気ヒーターであった――ので、ENIACを設置した部屋はつねに冷房する必要があった。負荷のかかり過ぎた白熱電球のように、真空管も頻繁に高熱で焼き切れた。ENIACは故障せずに5日以上稼働させられた試しがなく、通常は2日おきにトラブルが生じていた。真空管が切れると、技師たちは「ウォーリーを探せ」の電子部品版のような事態に直面し、1万7000もの同類のなかから焼き切れた管を探しだすはめになった。

アメリカのSF作家ジェームズ・ブリッシュが『宇宙零年』のなかで、ブリッジと呼ばれる構造物を使った木星の大気の探査を描いたときに、次のように述べたことは注目に値する。「木星では真空を維持するのが不可能なため、ブリッジ上ではどこにも電子機器は存在しなかった」。ブリッシュの想定では、大気の極端な圧力でどんな真空管も潰れるだろうというものだった。『宇宙零年』は1956年に刊行されており、そのころには真空管はまだ広く一般に利用はされていなかったが、この問題をはじめとする諸問題への答えは、すでに知られていた。

## 半導性の威力

真空管は故障しやすいにもかかわらず、当初は大成功を収めることになった。膨大な数の家庭が「ワイヤレス」、つまりラジオ受信機を備えつけたが、これらの昔のラジオは入力信号を復調[1]して増幅するタイプで、使用前に「ウォームアップ」するまで待たなければならないものだった。とはいえ、電子機器を1、2台以上所有している家庭はほとんどなかった。電子機器を壊れやすく扱いにくい代物から信頼性のある小型化したものに変え、あらゆる用途に使えるようにした発明は、アメリカのベル研究所における成果だった。これは世界最大級の電気通信事業者であるAT&Tの研究部門だったところで、本来はアメリカ電話電信会社（AT&Tの旧名）と同様に、ベル電話会社の子会社で、電話を開発したアレグザンダー・グレアム・ベルによって（厳密にはベルの義父によって）設立されていた。

ジョン・バーディーンとウォルター・ブラッテンはベル研究所で最も重要な熱電子弁、つまり三極真空管に取って代わることのできる装置を研究していた。このチームが期待していたのは、小さな半導体で真空管の機能を代替させることで、大きさは真空管の何分の1しかなく、ごくわずかな熱しか発しないものだ。バーディーンは理論家で、この新しい装置の根底にある量子物理学を理解していた。一方、ブラッテンはそれを実現させるうえで寄与した技術者だった。

ここで量子物理学を理解することの重要性は、どれだけ強調しても足りない。リー・ド・フォレストは三極真空管を考案したとき、それがどう作用するのかはまるでわかっていないと自分でも認めていた。彼はまさしく昔流の発明家だった。弁《バルブ》を用いることは（その名称からわかるように）電子の配管工事をするようなものだった。だが、半導体素子《デバイス》を利用することは、電子のような量子粒子の奇妙なふるまいと、物質の量子構造を理解して初めて可能になるものだ。電子工学分野の勝負は、「実際にやってみる」発明家の領域から、物理学者の理論中心の世界へと移行していた。

---

**量子**

本書ではこれ以前の時代にもすでに、量子物理学が新しい物理学で役割を演じてきた事例をいくつも見てきたが、トランジスターは極小のものの量子性を高度に理解することで突破口が開けた最初の事例となった。

量子物理学における「量子」は何かの量を表わすものだが、その重要性を理解することの鍵は、電子、原子、光の光子のような極小の粒子レベルで、連続した現象のように見えるものが、実際には小さな塊に分かれているということだ。したがって、たとえば波のようなものだと考えられていた光は、個々の光子粒子の流れとして説明がつくのである。

そのこと自体は、革命的なものではない。だが、理解におけるこの変化が意味するものは、周囲の世界で私たちの目に見える馴染みの物質にたいし、量子粒子はまったく異なる方法でふるまうということだった。量子粒子はしばしば、小さな球であるかのように表現されるが、現実にはこれらは漠然とした確率の雲として存在するのであって、その居場所自体は、相互作用をしたときのその場所でのみ突き止められるのである。量子粒子のこの奇妙なふるまいを理解することで、トランジスターの開

---

発は可能になった。

アメリカの物理学者ウィリアム・ショックレーは、バーディーンとブラッテンとともにトランジスターを開発した功績でノーベル賞を受賞しており、この「8日目」の重要な主役に、ほかの2人とともにショックレーを含めることもできただろう。ショックレーは確かに、三極真空管に代わる半導体を製造するプロジェクトの目標を定めはしたが、それを実現させたのはバーディーンとブラッテン（およびそれを手伝ったベル研究所の何人もの職員）だった。ショックレー自身ものちに、次のように書いてこの事実を強調していた。「グループの成功にたいする私の高揚感に、自分が発明者の一人ではないという事実が水を差していた」

これは一夜で開発されたものではなかった。ラジオ受信機のような装置で、半導体はそれまでも数十年にわたって利用されてきた。いわゆる猫ひげ線受信機では、二極真空管《ダイオード》の役目をはたす半導体の結晶——硫化鉛がよく使われた——が用いられてきた。前述したように、これは一方向にしか電流が流れないようにする部品で、その結果、入力信号が復調されていた。しかし、そのような半導体素子は扱いにくいものとなりやすく、そのため当初は弁として二極真空管が代わりに使われていた。

**半導体**

半導体は周期表では鉄や銅などの金属と酸素や硫黄などの非金属のあいだに位置する元素である。金属は全般的に電気を通し、非金属は通さない（ここで重要な例外となるのは炭素で、珍しい物理的特性をもつため非金属でありながら優れた導体になる）。シリコン、セレン、ゲルマニウムのような半導体は、あまり電気を通さない物質であるはずのように思われるが、現実にはこれらは状況しだいで電気を通したり通さなかったりする物質で、電子の流れを制御したい人にとっては、つまり電子工学の役割を考える人にとって、興味深い物質となる。

物質は通常、電子の流れを通過させることによって電気を通す。これが生じるには、原子に束縛されていた電子を放出させる必要がある。一つの原子を眺めてみると、電子は原子核の周囲にある軌道と呼ばれる確率の雲のなかに存在する。しかし、一部の物質で原子が互いに密接している場合には、外殻軌道は実質的に重なり合っており、やがてそれがほぼ連続した帯になり、電子は比較的自由にその物質のなかを移動できるようになる。

絶縁体では、通常の原子軌道とそのような「伝導帯」のあいだに大きな隔たりがあるが、金属の場合はその隔たりが少ないか存在しない。半導体では隔たりは一般に狭く、入射光などの外部からの刺激によって、またはドーピング〔不純物添加〕として知られる工程でほかの物質を少量添加することによって、橋渡しすることができる。

半導体内で電子のエネルギーが増加しても、伝導帯のすぐ下の、価電子帯と呼ばれるところにとどまる場合には、電子は主要な電流とは逆方向に流れ、それとともに電子間に存在していたあらゆる隙間も一緒に動くことになる。これらの隙間は正孔《ホール》と呼ばれ、それ自体が粒子であるかのように扱うことができる。したがって、伝導帯内で電気が流れている半導体では、一般には電子が一方に流れると、正孔は逆方向に流れる。半導体でドーピングがはたす役割は、ほかの元素を少量加えて余分な電子を供給するか（いわゆるn型半導体）、余分な正孔を供給する（p型半導体）ことである。バーディーンとブラッテンはゲルマニウムの元素を使って半導体の研究をした。彼らの実験装置は、私たちがトランジスターとしていま思い浮かべるものとは似ても似つかない。

## ソリッドステートに　１９４７年のその日

金属製の基板の電極の上に据えつけられたのは、灰色のゲルマニウムの結晶だった。これはドーピング剤を配合して、ゲルマニウムの最上面に余剰の正孔を生じさせたもので、この最上面はp型になっていた。ゲルマニウムの残りの部分は電子が余分にあるn型だった。ゲルマニウムの上部には、周囲を金箔で覆った樹脂製の楔《くさび》が置かれていた。ブラッテンはこの楔の先端の金箔に切れ目を入れて、両側面から底部までを覆う金箔に電気が別々に流れるようにした。

金箔で覆った楔はバネによってゲルマニウムの上に押しつけられていた。その結果、両側面の２枚の金箔はごくわずかに隙間のある一対の電極の役割をはたすようになり、ゲルマニウムの最上面が両者の橋渡しをするようになった。わずかな電流が金の電極から半導体を通して基板の電極に流れると、もう一方の金の電極と基板のあいだのはるかに大きな電流の流れを制御していたのである。

ブラッテンとバーディーンの成功によって、ショックレーは気が動転したようだった。彼は長年さまざまな「電界効果」[▼2]のメカニズム（これについては後述）を用いて、固体状態《ソリッドステート》の三極管をつくろうとして失敗を

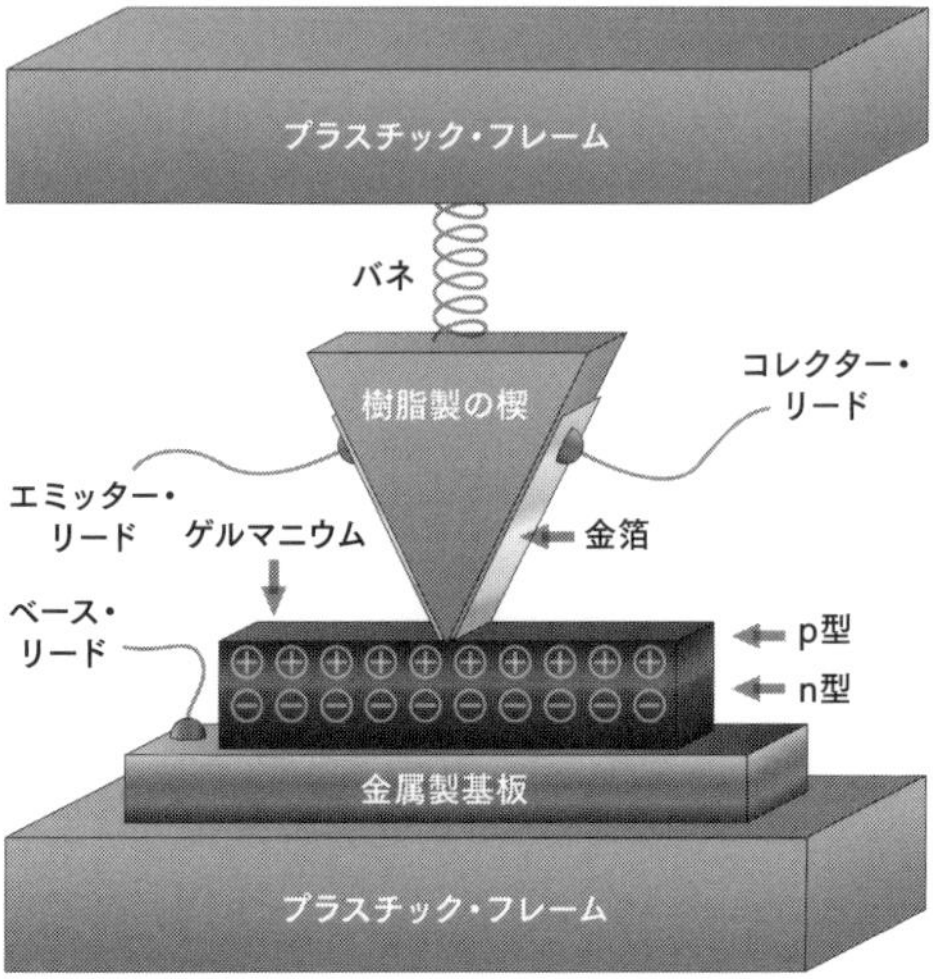


バーディーンとブラッテンが組み立てた実験用トランジスター

重ねてきた人であり、彼がバーディーンとブラッテンの上司だったのだ。トランジスターの実証が成功してまもない時期にショックレーはバーディーンとブラッテンに、固体状態の弁は以前から自分が研究してきたものだから、この概念にたいする特許には、自分の名前だけが記載されるべきだと思うと伝えた。ショックレー自身は実験に失敗していたのだが。ブラッテンは後年、「ときには仕事をなした人がその栄誉を受けないこともあるのだ」と、ショックレーは2人に告げたのだと語った。

　ショックレーに先手を打たれた2人は啞然とした。寡黙なバーディーンは、ほとんど何も言い返さなかったが、ブラッテンは声を張りあげた。「おい、何だと、ショックレー、これには誰もが栄誉に浴せるだけのものが十分にあるだろう！」彼らが抗議したにもかかわらず、ショックレーは特許の申請手続きを始め、成功を遂げるかのように見えた。ところが、ユリウス・リリエンフェルトというオーストリア＝ハンガリー帝国生まれのアメリカの物理学者による特許がすでに提出されていたことが判明した。成功した装置を組み立てるにまでいたってはいなかったが、リリエンフェルトの設計図は、ショックレーが特許請求項《クレーム》の根拠にしようと考えていた彼の初期のアイデアにかなり似ていた。その結果、ベル研究所の弁護士は出直しを図り、特許の根拠をバーディーンとブラッテンの研究だけに絞って2人の名前を挙げることにした。それなら、リリエンフェルトの特許との争いを避けられるくらい十分に異なった手法だったからだ。形勢は逆転し、今度はショックレーが除外された。

上司の落胆する様子に、バーディーンとブラッテンの気持ちは和らぎ、それによってショックレーの創造意欲も盛り返したようだった。当初のいわゆる点接触型のアプローチは商業的に実現可能となった最初のトランジスターの基礎となるが、この設計は、その名前と同じくらい煩雑であったため、長くは利用されなかった。ショックレーはまったく新しい設計を思いつき、1948年6月に最初の接合型トランジスターを作成した。これらは〔n型とp型の〕ドーピングを施して互いをサンドイッチするものだった。それが2層ではなく、3層になっていて、p型でn型を挟むか、n型でp型を挟む形になっていた。このタイプのトランジスターの変異形が20年にわたってこの分野を独占することになった。この発展はトランジスターが世界に公表された同じ年に生じたものだった。

「トランジスター」の名称はベル研究所で投票を行なった結果、最も人気を集めたものだった（名称の提案を募っても、ボーティ・マックボートフェイスのような名前に決まることのなかった時代のことだ〔2016年にイギリスの極地探検用の自律型無人潜水機の名前を公募した際に、その奇妙な名前に決まりかけた〕）。ジョン・ピアースの「トランジスター」という案が、「表面状態トライオード」や「半導体トライオード」などのいくつかの提案よりも耳に残る名前だったことは間違いない。もう一つ「アイオータトロン」という気の利いた競合案があった。これは科学的機器の語尾に「トロン」を付けるこの時代の流行に乗じたものだった（1930年代からのサイクロトロン〔イオンの円形加速器〕や1940年代のシンクロトロン〔より高度な円形加速器〕を思い浮かべてみよう）。だが、トランジスターは、既存の電子部品とよく似た語尾であるという利点があった。レジスター〔抵抗器〕、キャパシター〔コンデンサ、蓄電器〕、ヴァリスター〔バリスタ、非線形抵抗素子〕、サーミスター〔温度変化に敏感な抵抗体〕などである。

トランジスターを開発するうえで初期に見られた変化は、半導体としてゲルマニウムではなくシリコンに移行したことだった。ゲルマニウムのほうがシリコンよりも高額で、加工も難しかった。どちらの半導体も、戦時中にレーダーを研究していた人には馴染みのあるものだった。ゲルマニウムは点接触型トランジスターで利用するには最も楽であることがわかっていたが、より高度な設計のトランジスターでシリコンのほうがはるかに使い勝手がよいことが判明した。シリコン製の最初のトランジスターは１９５４年に製作され、急速にゲルマニウム製に取って代わった。しかし、現在の私たちの状況にまでたどり着くには、もう一つ別の変化が必要となった。金属酸化膜半導体と呼ばれる新しい技術だ。これによって、電界効果トランジスター〔ＦＥＴ〕を製作することが可能になった。ショックレーが長年、研究を重ねてきた手法だったが、金属酸化膜という手段なしには実現不可能となっていたものだ。

１９５９年にＭＯＳＦＥＴ（金属酸化膜半導体電界効果トランジスター）が開発されると、幅１、２センチに収められたかなり拙い技術であったものが、真空管からトランジスターに移行する当初の小型化を可能にし、次のレベルにまで発展させることになった。金属酸化膜半導体部品というのは、シリコンの薄片《ウェハー》の上部を薄い酸化膜で覆って薄い層内に電子部品をつくるものである。これによって、現代の電子工学の中心にある集積回路〔ＩＣ〕チップを製作できるようになった。

電界効果設計というのは、半導体内で電流を制御するための別のアプローチを指す。この設計では、ゲートと呼ばれる別々の電極からの電界〔電場〕が、半導体内の電流に影響をおよぼすために用いられる。この技術は、当初予測されたよりもずっと困難なものとなった。半導体内の量子効果が電界を排除しやすいためだが、最終的に1955年に偶然にそれが可能になった。たまたまシリコンウェハーの上部に二酸化珪素《シリコン》層が残されており、それによって量子効果が生じなくなっていたのだ。

## 暮らしを一変させたもの

### 電子工学

前述したように、電子工学は20世紀初頭にまでさかのぼるものだが、トランジスターが開発されたことで初めて、電子機器は十分に小型化され汎用性のある堅固なものとなり、今日のように中心的な役割を担うようになった。21世紀の平均的な家庭には少なくとも数百台の電子機器があり、携帯電話のような高度なものから、車のエンジン制御システムや、トースターやキッチン・タイマーなどの単純な制御メカニズムにまで使われている。

### マイクロチップ

登場してからの最初の20年間は、トランジスターは一般に指の爪ほどの大きさのものだった。しかし、MOSFETトランジスターを製造できるようになり、それが集積回路になると、トランジスターの利用はまるで新しいレベルにまで押しあげられた。それぞれのトランジスターはENIACのようにコンピューターの弁の一つとして機能する。ENIACにはそのような弁が約1万7000個あったが、現代の代表的なコンピューターの演算処理チップには数十億のトランジスターが含まれている。世界では数十億台の携帯電話が使われており、その一台一台がコンピューターそのものであることを考えれば、それらのチップのなかに数百京個のトランジスターが存在することになる。そのほかにも画像コントローラーのような二次的なチップや、もっと単純な機器内部の制御チップなどがあることは言うまでもない。

**注**

▼1　無線信号は搬送波を「変調」することによって送られる。これは信号を波の大きさに合わせる（振幅変調、つまりAM）か、波の頻度（周波数変調、つまりFM）に合わせることになる。初期のラジオはAMだった。搬送波の片側からの振幅のみを「復調」することで、信号を取りだす。

▼2　ソリッドステート（固体状態）とは、真空管ではなく固体の半導体を使った装置を指す。

DAY 9

## Wednesday, 8 August 1962

*James R. Biard and Gary Pittman – Patent filed for light emitting diode*

【9日目】

# 1962年8月8日（水）

## ジェームズ・R・ビアードとゲイリー・ピットマン

――発光ダイオードの特許出願

## ジェームズ・R・ビアード略歴

電気技師
功績——LED

1931年5月20日　アメリカのテキサス州パリス生まれ
学歴——テキサスA&M大学
1952年　アメリア・クラークと結婚
1957年　テキサス・インスツルメンツに入社
1967年　スペクトロニクスに入社
1978年　ハネウェルに入社

## ゲイリー・ピットマン略歴

化学者および電気技師
功績——LED

1930年10月20日　アメリカのカンザス州ウェリントン生まれ
学歴——サザンメソジスト大学
1953年　テキサス・インスツルメンツ社に入社
1969年　スペクトロニクスに入社
1978年　ハネウェルに入社
2013年10月28日　テキサス州リチャードソンにて83歳で死去

発光ダイオード（LED）は、レーザーに比べればその弱小類似品のように思えるかもしれないが、私たちの暮らしへの影響という観点からは、レーザーをはるかに凌駕する。また、実際には私たちが使うレーザーの大半は、LEDと似た設計にもとづいている。CDやDVDなど、最も馴染みのある家庭でのレーザー利用は、「10日目」の展開（後述）によって急速に不必要なものになりつつあるが、LEDはどんどん勢いを増し、長寿命で低エネルギーの照明器具と、私たちにとってこれほど重要なものとなった画面《スクリーン》に欠かせない照明を与えている。この発明の物語では、トランジスターの場合に比べて中心人物が誰であったのかはずっと明らかではない。それでも、ビアードとピットマンの特許によって、人工照明というきわめて古い技術的必需品にたいする新しいアプローチは、商業利用されるものになった。これは長年にわたって計画が練られてきた物語だった。

## 1962年という年

この年、西サモア、ルワンダ、ブルンジ、ジャマイカ、トリニダード・トバゴ、ウガンダが独立し、ジョン・グレンが地球を周回した最初のアメリカの宇宙飛行士となった。イギリスでは空襲で崩壊したコヴェントリー大聖堂が新たに献堂された。レイチェル・カーソンの『沈黙の春』が出版され、ウォルマートの第1号店が開店し、最初の商業的通信放送衛星テルスターが打ち上げられ、ビートルズの最初のシングル・レコードが発売され、ジェームズ・ボンドの最初の映画が公開された。キューバ・ミサイル危機、中印国境紛争が勃発し、コンコルド旅客機を製造する協定書が英仏間で締結した。この年生まれた人には、イギリスの作家マロリー・ブラックマン、アメリカの作家デイヴィッド・フォスター・ウォレス、アメリカのミュージシャンのボン・ジョヴィ、イギリスのボート選手スティーヴ・レッドグレーヴ、ベルギーのアストリッド王女、イギリスの政治家キア・スターマー、オーストラリアの映画監督バズ・ラーマン、アメリカの女優ジョディ・フォスターなどがいる。物故者にはイギリスの作家ヴィタ・サックヴィル゠ウェスト、イギリスの作曲家ジョン・アイアランド、イギリスの統計学者ロナルド・フィッシャー、アメリカの女優マリリン・モンロー、アメリカの大統領夫人エレノア・ローズヴェルト、デンマークの物理学者ニールス・ボーア、オランダのウィルヘルミナ女王などがいる。

## 挫折からの始まり

本書で訪れる10の日のうち、この時点まではそれぞれの物語でいつが主要な日であったかは、ほとんど疑いの余地はなかった。人工照明に革命を起こした光源である発光《ライトエミッティング》ダイオード、つまりLEDでは、物事はさほど明確ではない。LEDで利用されている現象は1907年に最初に観測された。その後の時代に、LED式の照明に関する報告はいくつも出され、1958年にはRCA〔アメリカ・ラジオ会社〕から緑色のLEDの特許が申請されたが、登録にまでいたらなかったようだ。1962年8月8日にこの主要な日が到来し、ビアードとピットマンが特許を出願することになった。

しかし、商業的可能性をもって製造されたこの最初のLEDは近赤外光を発するもので、ほとんど人の目に見えない光だった。可視光を発する最初の製品は、その数ヵ月後に実証された。今回のものは赤色で、インジケーター・ランプとして広く使われるようになった。赤色LEDが本格的に登場し始めたのは、ヒューレット・パッカード（HP）社が計算機とデジタル腕時計で使用されるLEDのディスプレイを生産したときのことだった。1972年に黄色のLEDがつづいた。

そのころには、LEDは低エネルギーのインジケーターでは主流となっていたが、LEDが主流の照明として現在のような役割を担うまでには、何十年もの歳月を経ることになった。それが可能になったのは、青色LEDが開発されてからのことだった（その開発者はノーベル物理学賞を受賞することになった）。それから比較的すぐのちに青色LEDにもとづいて白色LEDがつくられたことで、白熱電球の命運は尽きた。

歴史におけるこれらの出来事はどれでも選んで取り上げられただろうし、それによって現代の突破口のいかに多くが、一度限りの単純な出来事ではないかも強調されることになる。私はLEDが目新しい技術から実用的な製品に変わった時点として1962年のある1日を選んだが、現代の照明に貢献したすべての開発がこの物語にはかかわってくる。同様に、ビアードとピットマンはこの物語の主要な人物ではあるが、本書でこれまで出会ってきた大半の重要人物と比べれば、彼らは個人としてはずっと知られていない。彼らの物語を語るのはその技術なのであって、彼らの人生から汲み取れる洞察ではないのである。

## 暗闇の光

人類が存在してきた大部分の時代において、人工照明の唯一の供給源は炎だった。ホモ・サピエンスが登場する以前から、火は制御しながら利用されていた証拠がいくつかある。初期の人類は確かに自然発生した火をかなりの時代にわたって利用してきた。だが、おそらく10万年前から7万年前にものを発明する人類の能力が開花したことで、火は幅広く使われる道具となった。それによってより安全でおいしい食べ物が手に入るようになっただけでなく、身を守ることもできるようになり、重要なことに、暗い夜の明かりにもなった。

近代的な形態の人工照明がどこにでもある世界では、天文学者や星の観測者がまともな夜空を見られるように、光害のない区域を特別に設ける必要が生じるほどにまでなったが、照明を炎に頼っていた大昔からのこの慣習は、20世紀に入ってからも長くつづくことになった。室内のガス灯は、20世紀の最初の数十年間におおむね姿を消していったが、私の故郷の町の鉄道駅は1960年代末までプラットフォームにガス灯があった。

しかし、おもに白熱電球によって、電気照明は主流になっていった。金属線〔フィラメント、通常はタングステンの極細の線〕が白熱して輝くまで熱することによって、明かりを灯す照明器具である。ほかにも供給源は存在した。最も一般的なものは水銀蒸気入りの低圧管内に放電して紫外線を生じさせ、蛍光体を励起することで可視光を発生させるものだ。これらの蛍光灯や白熱電球はかなり安価で、それなりに長持ちするものだったが、そこから得られる照明量の割にかなりのエネルギーが消費されていた。白熱電球の場合はとくにいちじるしく、光を発するために使われる以上に多くのエネルギーが熱として放出されていた。

## 白熱となる

白熱電球の歴史は、広告の威力を示すと同時に、「孤高の天才」による発明モデルを過信する危険も表わすものだった。のちの発光ダイオードに一人の明確な発明家が存在しない事実を考えれば、これはとりわけ重要な懸念事項となる。

白熱電球を発明したのは誰かと街中で尋ねれば、ほぼ誰もが間違いなくトマス・エジソンの名前を挙げるだろう。エジソンは、疑いなく、優れた発明家だった。エジソンはかなり自閉症スペクトラム症の傾向が強く、一定のパターンを何度も繰り返さざるをえなかった結果、特異な能力をもつようになったのだろうと、神経科学者のサイモン・バロン・コーエンは考える。エジソンは電球のフィラメントになりそうな膨大な数の物質を試したが、たびたび短時間で焼き切れる結果に終わっていた。

だが、エジソンの電球は決して最初の電球ではなく、初めて商業的生産に漕ぎ着けた電球ですらなかった。イギリスの発明家ジョゼフ・スワンは1879年にエジソンよりも8ヵ月早く、（エジソンのものと同様に）炭素のフィラメントを使って実用可能な電球を製作していた。しかし、スワンとは異なり、エジソンは情け容赦ない実業家だった。競合相手の交流送電システムよりも自分の直流システムを優遇させようと試みて、交流システムがいかに危険かを実演するために、1頭のゾウを感電死させたことで知られる〔この一件は直流・交流をめぐる「電流戦争」から10年後のことで直接関連はないとする説もある〕。エジソンは特許侵害訴訟を起こして、スワンの優先権を奪おうと試みたが、敗訴した。そのため、合名会社のエジソン・スワン電灯会社を設立して、2人の発明品を製造せざるをえなくなった。

最も基本的なレベルでは、核エネルギー以外の光源は、いずれも同じ仕組みで働く。原子の外側を囲むぼんやりした層のなかに存在する電子は、励起すると通常位置するところよりも高エネルギー・レベルにまで飛び上がる。そのような状態は不安定なものだ。電子はすぐさま元の層に戻って、余剰のエネルギーを光子の形で放出する。私たちが人工照明として利用する光源のあいだの唯一の重要な違いは、そもそもどのように電子を励起するかでしかない。

炎では、燃料が燃えるときに放出される化学エネルギーが電子に必要な後押しをする。従来の電球はフィラメント内の原子に、または電子を励起する水銀の蒸気に、電流が影響を与えていた。原理上は、そのような電気照明の光源には「電界発光《エレクトロルミネセンス》」という用語（この先に詳述）を当てはめることができる。しかし実際にはこれは、「正孔《ホール》」というパッとしない名称の現象で、電子がエネルギーを失う非常に特殊な方法に限定されたものなのだ。

## 正孔の輝き

正孔についてはすでに、本書の「8日目」で半導体によって電子工学にもたらされた特徴の一つとして見てきた。正孔は基本的に電子が移動できる空間でありながら、そこに存在しないかのようになることを念頭に置けば、電子が伝導帯から正孔に移動するという現象は何ら驚くべきことではない。電子にとってこれはエネルギーが減少することなので、結果として光子が放出されることになる。電子がそのような正孔に入り込んで光が発生することこそ、電界発光（ＥＬ）の定義なのである。

この現象は1907年にイギリスの電気技師ヘンリー・ラウンドによって最初に観測された。ラウンドは当時、無線の世界大手だったマルコーニ社に勤めていた。「8日目」で見たように、当時の無線受信機はおおむね猫ひげ線と呼ばれた、ダイオードの役割を務める半導体を使用していた。ラウンドは多数の功績を残した発明家で、最終的に117の特許を獲得することになった。

猫ひげ線で実験をしていたとき、ラウンドは使用中に光が発する場合があることに気づいた。彼は『エレクトリカル・ワールド』誌に技術的な報告書を書いてこう述べた。「カーボランダム〔炭化珪素〕の結晶上の2点間に10ボルトの電位を加えると、結晶は黄色っぽい光を発した。そのような低い電圧で明るい光を放つことが判明した試料は1、2種類しかなかったが、110ボルトならば多くの試料が輝くことがわかった」。ラウンドは電界発光の研究はつづけなかったようだが、1920年代から1930年代にかけて、ロシアの技術者のオレグ・ロセフがこの実験をさらに突き詰めた。ただし、ロセフもこの現象の背後にある理論はまだ明らかにできなかった。

1950年代末に固体電子工学が理解され始め、トランジスターの開発につながるとようやく、LEDは真剣に考慮されるようになった。長年にわたって、電界発光は興味深いものの、あまり役に立たない現象だった。ところが、この奇妙な半導体のふるまいが、偶然にもLEDの革命を触発することになったのである。

## レーザーとそのスピンオフ

ＬＥＤに到達する前に、それほど広く利用されてはいないがもっと強力な「兄貴」分であるレーザーがどういうものかは、明確にしておくだけの価値がある。「放射の誘導放出による光増幅」の略語であるレーザーは、光を生じさせる通常のメカニズムを事実上２倍にすることで特殊な光を発生させる装置である。光線が物質を通過すると、光のエネルギーが使われて電子が高レベルにまで押し上げられる。

これは筋の通らないことのように思えるかもしれない。光子が電子を励起するために使われたのに、今度はそれが光子を生みだしているのだ。だが、ここで鍵となるのは、電子がみずから〔正孔に〕移動するのを待つ代わりに、２つ目の光子を使って移動を引き起こすことなのだ。その結果、これらの２つ目の光子を運ぶ光線が増幅する。１つの光子が入って、２つ出てくるのである。

そのような放射の誘導放出が考えられると、１９１６年に予測を立てたのは（またもや）アルベルト・アインシュタインだった。１９５４年にはロシア

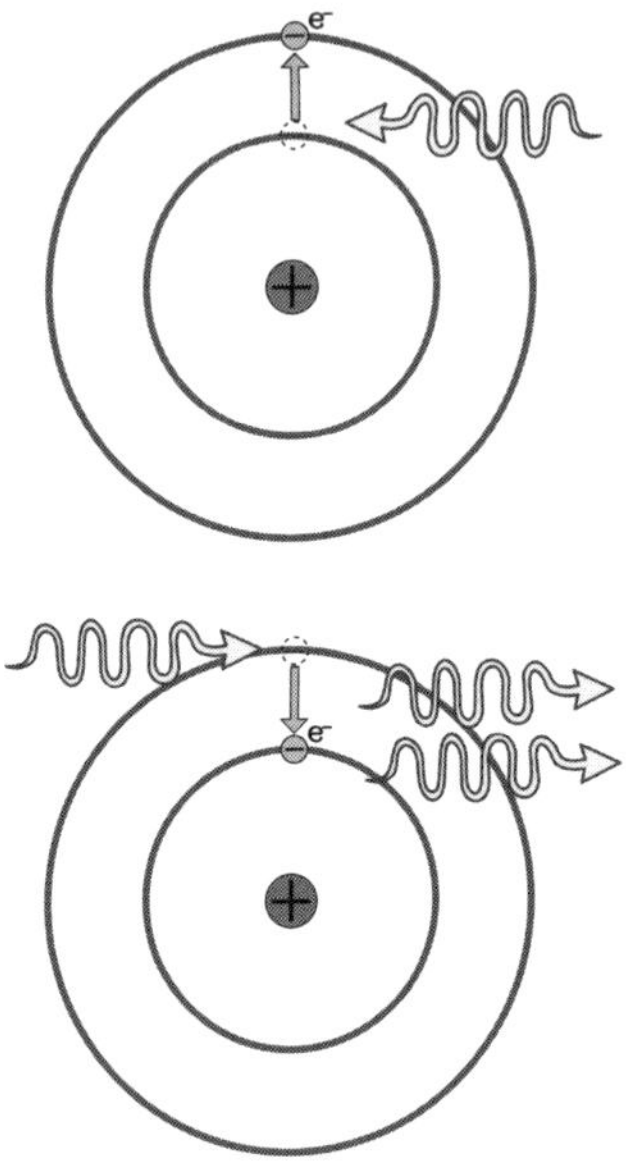


上図：電子が光子を吸収すると、エネルギー準位が上がる
下図：２つ目の光子がエネルギー放出を促し、２つの光子を放出させる

の物理学者アレクサンドル・プロホロフとニコライ・バソフが、このメカニズムを使ってマイクロ波を増幅させる装置を製作した。プロホロフとバソフが論文を発表した同年に、アメリカの物理学者のチャールズ・タウンズも独自に、ルビーの結晶で放射の誘導放出にもとづいた装置を製作してメーザーと名づけた。

メーザーは興味深いもので、タウンズが勤務していた情報分野では役立つものだったが、本当の目標は可視光でも使える同じ現象を生みだすことだった。世界各地でいくつもの研究所がこの問題に取り組んでおり、研究者集団のリーダーのなかには、AT&Tのベル研究所でコロンビア大学時代の指導教官のタウンズとともに研究をしたアーサー・ショーローや、やはりタウンズの元教え子で防衛関連企業のTRGに就職したゴードン・グールドなどがいた。1958年末には、このレースは熱を帯びたものになっていた。タウンズとショーローは光メーザーと名づけたものの特許を出願しており、かたやグールド（レーザーの名称は彼が考案した）とTRGは国防高等研究計画局に30万ドルの補助金を申請したところ、100万ドルに近い額を交付された。

この時点で、事態は茶番劇の様相を呈するようになった。この研究が国防関連の契約であったため、グールドと同僚たちは適正評価を受ける必要があった。当時、アメリカでは少しでも共産主義をにおわせるものがあれば、深い疑念が向けられていた。ところが、グールドは若いころ左翼政治に首を突っ込んでいたのだ。そのうえ彼と妻が結婚前から同棲していた事実と、適正評価のためのグールドの身元保証人のうち2人が顎鬚を生やしていて、反体制的な人物に見えたことが相まって、彼は適正でないと判断されてしまったのである。

グールドは自分の研究所に入れなくなったばかりか、彼の研究は機密扱いとなり、それを見る権限も失っていた。一方、ベル研究所の競争相手のほうも独自の問題をかかえていた。彼らはメーザーで使用した人造ルビーなどの固体状態の物質をレーザー用に試してみていた。しかし、これらは可視光の周波数ではあまりにも非効率的であるとして、却下されていた。そこで彼らは代わりに、気体と金属の蒸気を利用することに専念していた。これらは理論的にはよさそうに見えたが、扱うのは難しく、ショーローの前には克服しなければならない実際的な問題が山積みとなった。

その間にヒューズ・エアクラフト社に勤めていた電気技師で、物理学の博士号をもつ人物がやはりレーザーで小規模な試みを行なっていた。セオドア・メイマンはすでにメーザーのプロジェクトでルビーを使って実験したことがあって、レーザーでもそれを使うことは可能であるはずだと感じていた。ルビーではあまりにも非効率的だと示したショーローの計算に彼は疑問をもっていた。さらに、実験からルビーは、ショーローが誤解していたよりも70倍は優れていることが判明していた。

だからといってメイマンがすべての謎を解いたわけではなかった。励起するには、非常に明るい光源が必要だったが、誰もが思いつく解決策であるアーク灯ではあまりにも高温になるため、ルビーの結晶が割れてしまうのだった。幸い、メイマンの助手のチャーリー・アサワに写真術に詳しい友人がいた。この友人は少し前に、従来の使い捨ての閃光電球《フラッシュバルブ》の代わりに、写真家の小道具として出回り始めたばかりのストロボを購入していた。メイマンは両端に鏡を付けた円筒形のルビーの周囲に螺旋状のフラッシュ管を取りつけた。

1960年5月16日に、メイマンはこの装置から最初のレーザー光線を発生させた。レーザーはたちまち注目を集め、情報通信においてメーザーに取って代わっただけでなく、幅広い用途を見いだすようになった。同調する「コヒーレント」光の集中度そのものが、レーザー光をきわめて強力なものに変える可能性があったためだ。

**コヒーレンス**

レーザーとLEDのいちばん大きな違いは、レーザー光はコヒーレント、つまり干渉し合うことだ。光を波として考えるとき、干渉的《コヒーレント》な光源では、光の波は同じ波長になり、同調して一緒に動いて集合的な影響力を与えるため、通常の光源からの光よりもずっと劇的なものになる。ちょうど一団の人びとが足並みを揃えて橋を行進すれば、構造物に強い共振を引き起こすようなものだ。ここでは量子技術の話をしているので、光をコヒーレントな光線のなかの光子の流れだと考えれば、それぞれの光子に同じエネルギーと位相《フェーズ》と呼ばれる特性があることがわかる。位相は時とともに変わるが、同期している。

一方、LEDは白色光よりも非常に狭い色のスペクトルを生みだすため、特定の色の光として私たちは見ることになる。その波や位相は同調していない。その違いは、光が発生する方法の違いによる。LEDでは、光を発するには電子が正孔と結びつくが、レーザーでは光子が原子を励起させて2個目の光子を発生させるからだ。

ルビーのレーザーが発明されたのち、タウンズの気体レーザーをはじめ、多数の技術が登場するようになった。しかし、大半の装置はかさばり、電源などもろもろの面で外部からのサポートをかなり多く必要としていた。レーザーの応用範囲として考えられるものは、電界発光する半導体を使ってレーザー光を発生させられれば広がるはずだった。

## 突破口 1962年のその日

半導体物質で光を発生させるうえで最も有望視されていたものの一つは、ヒ化ガリウムだった。1961年9月には、テキサス・インスツルメンツ社のジェームズ・ビアードとゲイリー・ピットマンが、良好な近赤外線をヒ化ガリウムのトンネルダイオードから発生させていた。トンネルダイオードはその4年前に発明されたばかりで〔1957年に江崎玲於奈と黒瀬百合子が発明し、江崎氏がノーベル物理学賞を受賞〕、トンネル効果と呼ばれる量子効果を利用して量子粒子に障害物を、あたかも存在しないかのように通過させるものだった。

当時、LEDの利用に関する関心は、レーザー開発の始まりと同様に、いずれも光信号通信にたいするものだった。1962年8月8日、ビアードとピットマンが特許を出願した際には、世界初の実用可能な発光ダイオードを製造したものとして受理された。そして、これは彼らが想像したように、〔照明ではなく〕信号伝達装置として使用されるはずのもので、そのためには近赤外線でも問題はなかった。

同年、半導体レーザー、もしくはレーザーダイオードが開発された。これらはゼネラル・エレクトリックとIBMの両社で最初に生産された。LEDと同様に、レーザーダイオードは電界発光を利用するものだったが〔当初はLEDと同じ半導体物質を含んでいた〕、レーザー版のほうが、誘導放出を増大させるため複雑な構造をしていた。これらの半導体レーザーは、DVDやCDプレーヤー、レーザーポインター、レーザープリンターなど、現在、レーザーを利用した商業用技術の大半で見られるものだ。

ビアードとピットマンが最初のLEDを製作した1年後に、ゼネラル・エレクトリック社に勤務するニック・ホロニアック・ジュニアが赤色可視光線のLEDを実証した。彼が目指していたのは半導体レーザーの開発で、実際その後まもなく成功するのだが、最初の試みでは光の波長は超低温でしか干渉し合わ《コヒーレント》なかった。それらは室温では照明用のLEDになっていたのだ。これらのLEDや、その後10年あまりに出現した類似の製品は、情報通信に利用できるほど強力なものではなかった。LEDにはレーザーの干渉的性質もなければ潜在能力もないが、これらは安価なうえにずっと小型だった。そこでLEDは代わりに、インジケーター・ランプとして使われ始めた。1969年には、HP社がガリウムヒ素リンを半導体に用いたタイプを使って、若干の数字を表示するLEDのディスプレイを製造していた。

既存の光源と比較するとLEDは非常に効率がよく、発生する光の割にごくわずかな電力しか使わない。しかし、従来の照明器具の代替品として通用できるものにするには、出力を増す必要があったほか、白色光を発生できなければならなかった。理論的には、白色光は3つの三原色、赤、緑、青を混色することで生成できる。赤と緑のLEDはすでに存在していたが、まだ青色の選択肢がなかった。

この色の限界は、半導体レーザーの限界でもあった。DVDのような光ディスクに保存できる情報量は、使用される光の波長によって制限される。DVDで使われた赤色のレーザー（およびCDの赤外線レーザー）では、青色レーザーがあれば可能になるほど多くの情報を詰め込むことはできなかった。青色のLEDとレーザーダイオードの開発が、大容量のブルーレイディスクを可能にすることで、21世紀初頭の主要な突破口が開けたのである。もっとも、ストリーミング〔データを受信しながら同時に再生する方式〕が到来したことで、ブルーレイの技術は開発後まもなく、ほぼ時代遅れのものとなった。

## ブルーライト・ブルース

青色ＬＥＤは１９７２年にスタンフォード大学で最初の光を発したが、当時は微弱であり、そのため青色半導体レーザーや光源として利用するには不安定だったうえに、十分な機能をもつ装置でもなかった。商業的に手軽に扱える高輝度の青色ＬＥＤを生産する方法を見つけだすための探索が始まった。初期の装置はヒ化ガリウムを使っていたが、１９８０年代、１９９０年代には窒化ガリウムに取って代わられ、結晶を成長させるはるかによい方法である新しいプロセスが使われるようになった。

おそらく直面しなければならない最大の問題は基板だっただろう。窒化ガリウムの結晶を成長させるための支持体である。１９８６年に日本の赤崎勇と天野浩がサファイアの基板をまず窒化アルミニウムで覆い〔バッファー層として低温で成長させ〕、その上に窒化ガリウムを成長させたものを使い始めた。私たちは高価な宝石としてのサファイアに慣れているが、産業用のサファイアは安価な酸化アルミニウムの結晶である。

彼らと並行して、同じく日本で研究をしていた中村修二も、高品質の窒化ガリウムの層を成長させる独自の方法を開発していた〔2フロー法〕。彼は赤崎と天野の突破口をもたらした背後のメカニズムも説明することができ、高輝度の青色ＬＥＤを製造するずっと単純で安価な手法を考えだした。３人は２０１４年に青色ＬＥＤを開発したことでノーベル物理学賞を受賞した。ただし、彼らはのちにボストン大学のセオドア・ムスターカスが以前に取得していた特許を侵害したとして訴訟を起こされ、敗訴している。

ノーベル委員会がなぜ青色LEDだけを選んで功績をたたえるに値すると判断し、それ以前の開発が評価されなかった理由は明らかでないように思えるかもしれない。技術にたいするノーベル賞の授与は、しばしば行き当たりばったりであるように見える。たとえば、ノーベル賞はレーザーにたいしても授与されたが、最初の実際の開発者であるメイマンでもグールドでもショーローにでもなかった。代わりに、タウンズ、バソフ、プロホロフが、はるかに重要性の低いメーザーの功績を認められて賞を共同受賞した。

賞に関連した報道の大半は、青色LEDの重要性は、これによって赤、緑、青色のLEDが可能になり、白色光を生みだす能力が揃った点にあるとしていた。実際には、極小の光源のなかにLEDを効率よく組み合わせるのは難しいため、これは照明を生みだすための合理的な方法とはまずならない。色を変えられる一部の電球でこの手法は用いられているが、これらは単色の電球に比べてずっと高額となり、効率も悪い。

その代わりに、青色LEDに黄色い蛍光体コーティングを施して使用することで、蛍光灯のような一種の白色光を発せられるようになった。LEDの高輝度の青色光は、部分的にこのコーティングを通して送られ、一部は蛍光体によって赤と緑に変えられ、その結果が青味を帯びた白となる。しかし、その結果の色は、家庭で快適な照明とするには色合いが寒々としており、当初これらの電球はさほど効率もよくなかった。暖かみのある白色のLEDが導入されて初めて、現代の照明は白熱電球と、一時期それに取って代わっていたコンパクト蛍光灯から移行できるようになった。これらの新しいLEDにはガドリニウムが蛍光体に加えられており、私たちが太陽光に求める光の暖かさを再現できるようになった。

したがって、青色LEDによってLEDは標準的な照明になることが可能になったのだ。

## 世界を灯す

ＬＥＤ電球の重要性はどれだけ強調しても足りない。この技術はちょうどエネルギーの使用と気候変動の結びつきが世界にとってきわめて重要になった時期に登場した。従来の白熱電球は消費する電気エネルギーのわずか４％ほどしか光に変えておらず、残りは熱として放出していた。一方、現代の白色ＬＥＤ電球は供給された電気エネルギーの50％以上を光に変換する。その効率における目覚ましい進歩は、世界のエネルギー消費の20％から30％が照明に使われることを考えれば、些細なことではない。２０１４年に、アメリカのエネルギー省はＬＥＤ照明に転換することで、年間２６１テラワット時を節約することになり、２０３０年には３９５テラワット時にまで増やせる可能性があると推計した。これはイギリスの国全体の電気消費を上回る量だ。

ＬＥＤ照明が室内照明の役割をはるかに超えたところでも使われているのを、私たちは目の当たりにしている。街灯は、かつてはナトリウムか水銀の蒸気に放電する方法で灯されていたが、低エネルギーで高輝度のＬＥＤ照明に取って代わられつつある。発光ダイオードは信号機を灯し、車のライトでも白熱電球と一部のハロゲンランプに取って代わった。こうしてＬＥＤはどこにでも存在するようになり、低エネルギーでより効果的なテレビ画面、コンピューター画面、携帯電話の画面の開発にも寄与した。

長年、画面には陰極線管〔ＣＲＴ、ブラウン管〕技術が使われてきた。初期のクルックス管〔真空放電管〕は、Ｘ線装置を生みだすきっかけにもなったものだが、そこから発展した陰極線管は重くて非常にかさばるうえに、画面の幅とほぼ同じくらい、後方に突きだした部分を必要とする代物だった。それに比べて、液晶ディスプレイ（ＬＣＤ）は非常に薄くすることができる。しかし、陰極線管とは異なり、液晶の画面はそれ自体では何ら光を発しておらず、ただどれだけの光がそこを通過するかを制御している。その結果、液晶画面には背面照明《バックライト》が必要になる。

当初、バックライトには蛍光灯か電界発光（ＥＬ）パネルが使われていた。ＥＬパネルはＬＥＤで使われる電界発光効果と、特定の色で光る蛍光体を組み合わせたもので、たいがいは青色となる。そのようなパネルは安価な液晶ディスプレイのバックライトでよく使われていたし（たとえばデジタル時計など）、かたや蛍光ランプ〔冷陰極管、ＣＣＦＬ〕は液晶ディスプレイのコンピューターやテレビ画面に使われていた。しかし、いまではＬＥＤのバックライトが新たな標準となった。

ＬＥＤはエネルギー効率を大幅に改善しただけでなく、それが追いやった技術より長持ちもする。白熱電球では熱せられては冷やされることで損傷し、徐々にフィラメントの一部が焼けて蒸気となり、しまいには切れてしまうが、ＬＥＤは安定しており、熱の発生も比較的少ない。ＬＥＤは10万時間もの使用に耐えるが、通常の白熱電球が無傷な状態でいられるのは１０００時間ほどしかない。コンパクト蛍光灯ならば白熱電球よりも長持ちするが、それでも高電圧の放電によるストレスを受けるため、ＬＥＤほど長持ちはせず、寿命は約１万時間となる。蛍光灯はエネルギー効率も悪い。

コンパクト蛍光灯はまた、小型化するうえでの制約もある。何十年にもわたって、蛍光灯はおおむね長い管の形で製造されてきた。それが従来の電球に取って代われるほどコンパクトになったことは、ちょっとした奇跡なのであり、通常は管が細い螺旋状に加工されている。しかし、コンパクト蛍光灯はスポットライト電球に取って代わることはなかったが、LEDはそれを易々とやってのけている。また、よく批判されてきたこととして、コンパクト蛍光灯は温まる必要があり、最大限の明るさになるまでに数分かかるが、その点、LEDはすぐに最大限の明るさになる。

いまではさらに有機LED、またはOLEDという特殊なLEDも出現している。これらは有機物質（通常はポリマーか小分子炭素化合物）を利用して、ダイオードの電界発光部分の役割をはたさせるものだ。従来のLEDほど強力ではないが、OLEDは極薄の層に加工することができて、もっと低い電圧しか必要としない。映像が鮮明に見られる視野角も広く、従来の液晶画面にLEDバックライトを使用したものと比べると、とりわけ好対照となる。しかも、OLEDはそれ自体が光を発するので、別の層を必要としない（従来の〔無機〕LEDを画面として使用する事例もあるが、本当に適しているのはスポーツ・スタジアムで使われるような、大型ディスプレイのみである）。

## 暮らしを一変させたもの

### LED照明

少なくとも100年にわたって、電気照明ではおもに白熱電球が使われてきた。LED照明が導入されたことで、エネルギー消費面も電球の寿命も様変わりさせた。これは経済面と同じくらい、気候変動面でも考慮が不可欠である。

## LED画面

前述したように、LEDは多くの液晶画面のバックライトとなっており、OLEDタイプでは実際に画像を生成する画面としても機能している。照明の場合と同様に、電力の消費量が少なく長寿命であることが、LEDを理想的なものにしている。

## 固体レーザー

厳密にはまったく同じものではないが、半導体固体レーザーの開発はLEDの開発と強く結びついてきた。LEDが開発されなければ、プリンターやスキャナー、光ディスク装置、あるいはスマートフォンや自動運転車で使われるレーザー距離計など、どこにでもあるこれらの装置の現代版は手に入らなかっただろう。

DAY 10

## Wednesday, 1 October 1969

*Steve Crocker and Vint Cerf – First link of the internet initiated*

【10日目】

# 1969年10月1日（水）

## スティーヴ・クロッカーとヴィント・サーフ

——インターネットの最初のリンクの開始

**スティーヴ・クロッカーの略歴**

コンピューター科学者
功績――インターネット

1944年10月15日　アメリカ、カリフォルニア州パサデナ生まれ
学歴――カリフォルニア大学ロサンゼルス校(UCLA)
1970年代から1980年代　国防高等研究計画局(DARPA)、南カリフォルニア大学情報科学研究所、およびエアロスペース・コーポレーションの研究管理
1994年　サイバーキャッシュ社を共同創設
その他一連の役割を兼務

**ヴィント・サーフの略歴**

コンピューター科学者
功績――インターネット

1943年6月23日　アメリカ、コネチカット州ニューヘーヴン生まれ
学歴――スタンフォード大学、カリフォルニア大学ロサンゼルス校（UCLA）
1972〜1976年　スタンフォード大学助教
1973〜1982年　国防高等研究計画局（DARPA）で研究管理
1994〜2005年　MCI〔大手電気通信事業者〕副社長
その他一連の役割を兼務
2005年以降、グーグル副社長兼インターネット主席伝道師（エヴァンジェリスト）

21世紀の世界を形成するうえでインターネットがはたした重要性は、過大評価されることはまずないだろう。これは単にワールド・ワイド・ウェブ（WWW）だけの問題ではない。ウェブはもちろん重要だが、これは郵便から電話まで私たちの情報通信メディアの大半を入れ替え、テレビ放送を放送局側が勝手に予定を組んだメディアから、視聴者の都合に合わせてプログラムや映画を開始できるはるかに高度な設備へと変貌させた。1969年10月のその日は、情報通信ネットワークに第2の接点《ノード》ができたことを表わしていた。電話が1台しかなければ意味がないように、インターネットの使える場所が1ヵ所しかなければ無意味なのだ。だが、2台目のマシンが設置されたことで、革命が始まっていた。「8日目」と「9日目」と同様に、主要な立役者を選ぶことは難しくなっているが、インターネットにとって、学校時代からの親友だったハイテク好きな2人が重要であったことは、疑いの余地はない。

## 1969年という年

この年、ロシアの宇宙船ソユーズ4号と5号が宇宙でドッキングし、リチャード・ニクソンがアメリカ大統領に就任し、ビートルズが最後の公演を行なった。ボーイング747の第1号機が就航するとともに、ハリアー・ジャンプジェット機が導入され、ロビン・ノックス＝ジョンソンがヨットで最初の単独無寄港世界一周を成し遂げ、シャルル・ド・ゴールがフランス大統領を辞任して、ジョルジュ・ポンピドーが選出された。チャールズ皇太子がプリンス・オブ・ウェールズに叙任され、アポロ11号が月面に人類を最初に降り立たせ、ウッドストック・フェスティバル〔大規模野外コンサート〕が開かれ、『空飛ぶモンティ・パイソン』および『セサミストリート』の第1回目が放送され、CCDデジタル・カメラが発明され、イギリスではカラーテレビが出始め、UNIXコンピューター・オペレーティング・システム（OS）が誕生した。この年に生まれた人には、ドイツのカーレーサーのミハエル・シューマッハ、ウェールズの俳優マイケル・シーン、アメリカの女優ジェニファー・アニストン、イギリスのファッションデザイナーのアレキサンダー・マックイーン、アメリカのミュージシャンのマライア・キャリー、オーストラリアの女優ケイト・ブランシェットなどがいる。物故者にはイギリスの俳優ボリス・カーロフ、イギリスの作家ジョン・ウィンダム、アメリカの将軍および大統領のドワイト・D・アイゼンハワー、アメリカの女優ジュディ・ガーランド、ベトナムの政治指導者ホー・チ・ミン、アメリカの作家ジャック・ケルアックなどがいる。

## 始まり

いまでは公益事業のように考えられているものは、1958年にアメリカ政府によって創設された高等研究計画局（ARPA）で開発された、非公開のシステムとして始まった。これはその前年、ソ連が最初の人工衛星スプートニク1号を打ち上げたことで、西側世界を揺るがした衝撃波への対応だった。ARPA（1972年にDARPAと改名し、「国防」を加えることで軍事関連であることを明確にした）は、直接またはすぐに軍事的利益があるわけではないが、将来、国防に用いることのできる基礎研究を促進し、資金を提供する役割を担っていた。

ARPAは、軍事組織として想像されるようなものよりも、はるかに柔軟性に富んでいた。おそらくそれは一部には、この組織がニール・マックルロイによって設立されたからだろう。ラジオとテレビ関連の製品を販売促進する方法として、連続メロドラマを考案したことのある人物である。ARPAとその後継団体が資金援助をしたプロジェクトには、初期のGPS衛星測位システムやロボット工学、レーザー、人工知能（AI）、マイクロチップ、パワードスーツ〔衣服のように装着して身体機能を補助する装置〕などがある。しかし、その最大の遺産はインターネットだ。ARPAがかかわるようになった1960年代なかばには、コンピューティング〔演算によって判断・処理する作業〕は現在、私たちがあれこれ組み合わせて利用しているもの、すなわちデスクトップのマシンからスマートフォンまで、各地にある小型のコンピューターが、隅々にまで広がったネットワークで遠方の大型設備と結びついたものとはまるで異なる世界だった。当時のコンピューターは総じて接続されていない大型マシンで、大きさは部屋一つ分ほどもあって、特別な環境を必要としていた。

1960年代には、コンピューターへの入力はほとんどがパンチカードを使って実施されていた。およそ銀行通帳くらいの大きさの厚手の紙に一連の位置が記されたもので、そこに長方形の穴を開けられるようになっていた。最もよく使われたカードには12列80欄あった。プログラムとデータは一組のカードとしてコンピューターに入力され、自動的に読み込まれた。この設計はヴィクトリア朝時代の自動ジャカード織機で、複雑な織りパターンを設定するために使われた同様のカードを参考にしたものだった。コンピューターから出力されるときは、蛇腹折りされた長い紙が使われた。

パンチカードは1970年代を通じてコンピューターで使われつづけた。私が最初にコンピューティングを体験したのは、1971年ごろにマンチェスターの学校でのことだった。当時、イギリスの学校でコ

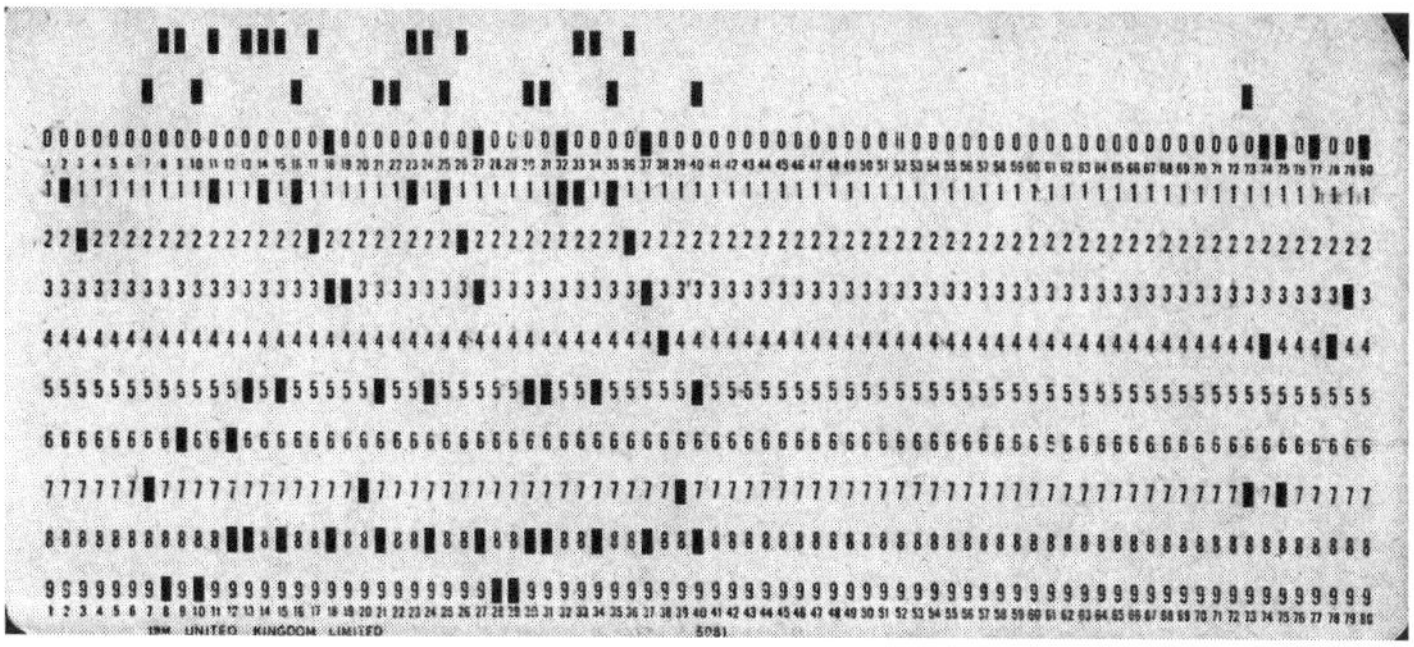

コンピューターにデータを入力するために使われたパンチカードの一例

ンピューターを備えていたところはどこにもなかった（私の出身校のマンチェスター・グラマースクールは、1977年にコンピューターを導入したイギリス最初の学校だった）。私たちは手動のパンチを使って穴を一つひとつ開けて自分のカードを用意し、それをロンドンに郵送して、インペルアル・カレッジのマシンで動かしてもらっていた。回答を得るまでには1週間以上はかかった（それも通常は、誤作動したというものだった）。

とはいえ、1960年代なかばには、先端のコンピューター施設の大半はテレタイプ入力装置を備えるようになり、コンピューターを使用する人びとはタイプライターを使うようにその装置にタイプで打ち込むようになっていた。彼らがタイプしたプログラムは一枚の紙となって目の前に現われたが、コンピューターにも送られ、それが同じ紙の上に印字され返し、より双方向式の運用が可能になった。そのようなコンピューターは「タイムシェアリング」として知られる運用方法を取り、その都度計算するパンチカードの手法（「バッチ入力」という）とは異なり、いくつものプログラムを同時に動かすことができ、相互間で処理作業をやりとりするようになった。

コンピューターの入力がテレタイプによるにしろ、パンチカード読み取り機によるものにしろ、入力装置はコンピューターにじかに物理的に接続されていることが標準だった。これはつまり、遠隔地からコンピューターにアクセスするには限界があって、何台ものコンピューターを所有する組織には、使用するコンピューターごとに、さまざまなテレタイプやカード読み取り機を並べられるだけの部屋を用意する必要もあった。リモート・アクセスは可能ではあったが、通常は専用の回線を必要としていた。たとえば、ヴァージニア州の国防総省とワシントンDC（ARPAの拠点）を、カリフォルニア州のような遠方の地のコンピューターとも結びつける回線があった。

それとは違うアイデアは、1962年にARPAの情報処理局（IPTO）のトップに就任した心理学者のJ・C・R・リックライダーが発案したものだった。リックライダーには家庭用コンピューターを相互に接続する構想があり、コンピューターともっと直感的にかかわれる方法を開発することを考え、それを「人とコンピューターの共生」と呼んでいた。リックライダーが新しい仕事に取り組んで最初に取った行動の一つは、全米各地の十数人のコンピューター科学者に連絡を取ることで、彼らを「銀河系間コンピューター・ネットワーク」と呼んでいた。まもなく、相互に対話できないコンピューター群を相手にする困難さに苛立つようになった彼は、「統合されたネットワーク運用」を設立することの利点を強調した覚書をこのグループに送ることになった。それがあれば、コンピューターを一緒に動かすことが可能になり、コンピューターごとに新しいやり方を学び直さなくとも、どれでも利用できるようになるのだ。

リックライダーはこの職に2年間しかとどまらなかった。1965年には、後任のボブ・テイラーがリックライダーの構想に着手するための方法を提案していた。IPTOとともに開発に取り組んだ人びとの大半は、全米各地の大学に籍を置いていた。彼らはみなコンピューターにアクセスする必要があり、そのための費用がかかり、供給不足に陥っていたのだ。これらのサイトを一緒に接続することが可能になって、ネットワークの一員は誰でもどのコンピューターにでも接続できれば、資源をはるかに効率よく利用できるようになる。そのうえ、大学間でなかなか連絡を取り合えないために、重複作業も生じていた。あるとき、とくに具体的な解決策を思いつかないままに問題を説明したところ、テイラーはそれを実現させる費用として100万ドルを与えられた。

## 別の種類のネットワーク

その100万ドルの使い道を決めるうえで、2つの要素が大きな役割をはたすことになった。1つは分散型のネットワークという概念だ。数学的に言えば、ネットワークは線（つまり辺）でつながった点（交点または接点）だ。これらは、システムを分析し理解するための強力なメカニズムだ。おそらくネットワークを使用した事例として最初のものは、東プロイセンのケーニヒスベルクの7つの橋問題で、1736年にスイスの数学者レオンハルト・オイラーが解決したものだった（ケーニヒスベルクは第二次世界大戦で破壊され、ロシア領に組み込まれた）。

ケーニヒスベルク市には、プレーゲル川両岸の市内のさまざまな場所を結びつける7つの橋があった。この川は市内を通過する際に、陸地の重要な部分を切り離して島状にしていた。問題は、それぞれの橋を1度しか通らずにすべての場所に行ける経路を探しだすことだった。考えうる経路を、橋を辺にしたネットワークとして抽象化することで、オイラーはそれぞれの接点（陸地部分）には奇数の辺（橋）が通じていることを示すことができた。つまりそれは、この問題が解けないことを意味していた。それぞれの陸地は橋から入って橋から出なければならないので、そのような行程が一筆書きになるには、出発点と終着点を別として、各交点に偶数の橋が架かっていなければならないからだ。

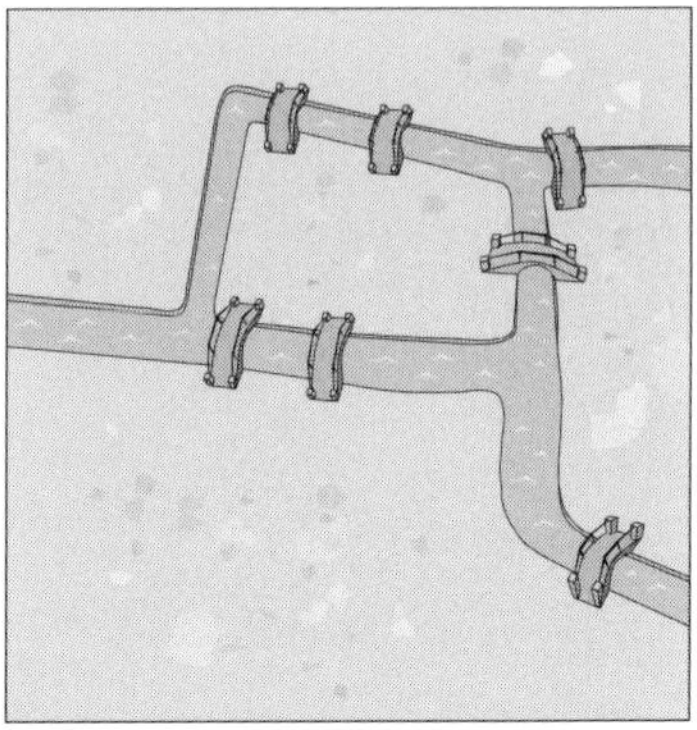

ケーニヒスベルクの7つの橋

1965年にはすでに電話と電信のネットワークから、2つのタイプのネットワークがよく知られており、どちらもハブ・アンド・スポーク型〔中心から放射状に広がるもの〕のネットワークだった。中央集中型のネットワークには中心となる1つの接点があり、すべての接点と結びついたハブとして機能している。非集中型のネットワークには中心となる接点が複数あって、互いにつながっており、それぞれの中心がその周囲の接点のハブの役割をはたしている。しかし、3つ目の可能性もあった。それがインターネットの基礎となる分散型ネットワークだった。ここでは、接点は近くにあるいくつもの接点と結びつき、不規則に格子状をなしている。多くの道路交通網は分散型のネットワークだ。ハブ・アンド・スポーク型ネットワークでは通常、AからBに通ずる1本の推奨経路が示されるが、分散型ネットワークでは、考えうるそのような経路は多数存在する。

既存の電話回線網はハブ・アンド・スポーク型だったが、情報通信に分散型ネットワークを使うという考えは、1960年にポーランド系アメリカ人の技術者ポール・バランが提案していた。アメリカ軍が大いに利用するシンクタンクのランド研究所に勤務していたバランは、核戦争でネットワークの一部が破壊された場合に備えて、情報通信に冗長性をもたらすためにそのような構造にすることを推奨していた。このことは確かに情報通信ネットワークの将来について当初考えられたことの一部だったが、その重要性は急速に失われていった。

バランの概念にかかわらず、当時は分散型ネットワークへの関心は限定されていた。そのようなネットワークで、最適な経路でメッセージをどうすれば送れるかという技術的難題はさておき（これについては後述）、電話網はアナログであったため、分散型ネットワークは過去においてはほとんど検討されたことがなかった。

**アナログ対デジタル**

アナログとデジタルの技術上の区別は往々にして、アナログのメカニズムは連続的になりやすいのにたいし、デジタルのメカニズムは離散的で、塊に分かれているのだとされる。実際には、デジタル信号は従来のアナログ信号を、量子に変えたものなのだ。従来の電話回線網はA地点からB地点まで電話線で電波を送る。174ページで触れた無線伝送とも似て、信号——通話における声——は電波を変調することで送られていた。これには波の形を、音声信号を表わす2つ目の波で変える必要があった。

それにたいして、デジタル信号は単純に0と1が並ぶもので、それぞれの数字は電圧を変えることで表わされている。このため、ずっと単純な矩形波《くけいは》〔方形波、スクエアウェーブ〕のパターンになり、アナログ波のように変調や復調する必要がない（このため、今日インターネットに接続するために使うルーターを「モデム」と呼ぶ傾向は、まるで不正確なのだ。これは変調器《モジュレーター》／復調器《ディモジュレーター》の略語だからだ）。

アナログ信号は、構造が複雑であるため、ネットワーク内での接続箇所が増えるにつれて、急速に劣化し、多くの接点を通過したメッセージは利用できないものになる。しかし、デジタル・ネットワークならば0か1かを見分けるだけなので、分散型ネットワークでもはるかに現実的なものとなる。

データがデジタルになっても、ネットワーク内をどのような経路でメッセージを送るかという問題は残る。バランは「メッセージ・ブロック」と彼が名づけたアイデアを思いついた。小さな塊にしたデータにネットワーク上の考えられるさまざまな経路を通らせ、それを再び集めて最終的なメッセージにするものだ。この方法ならば、メッセージ全体が送りだされるあいだ、1本の回線がそれによって独占されずに、ネットワークは渋滞をうまく管理できるようになるだろう。従来の電話網はこの方式だった。

先に、AT&Tのベル研究所がトランジスターを発明するに当たっていかに斬新な活用方法をもたらしたかを見てきた。しかし、AT&Tは昔気質《かたぎ》の電気通信最大手でもあり、そのことを利用して顧客にたいする支配力を行使していた。初期の電話会社はたいがい皆そうだったが、AT&Tでもその回線には具体的にどの回線であれば接続できて、どうネットワークを使用するかを特定する形で使われていた。イギリスの総合郵便局（GPO）と、その後継のBTグループ〔大手電気通信事業者〕と同様に、AT&Tのネットワーク内でも電気通信会社が提供する電話しか使えなかった。AT&Tはさほど管理されていない、分散型の利用形態を自社のネットワークに検討する準備がとにかくできておらず、当時はおおむね同社だけがアメリカ国内で長距離回線を提供していた。バランは5年間この構想を練りつづけたが、その後1965年にこれは事実上お蔵入りとなった。

同年、分散型ネットワークでメッセージの流れを制御する方法が、より詳細にわたって独自に具体化された。この新しい切り口はアメリカの軍事機構の力から生まれたのではなく、ウェールズの物理学者によってもたらされた。1965年に、イギリス国立物理研究所に勤務するドナルド・デイヴィスが、分散型ネットワークで通信をやりとりする仕組みについて考え始めた。1年ほど時間を見つけてはこのアイデアを練ったあと、彼は「パケット・スイッチング」と名づけたデータ通信のメカニズムを提案する公開講座を開いた。

デイヴィスが提案した方法は、バランの手法と同様のデータの塊にもとづくもので、スイッチと呼ばれることになる装置で接点から接点へと送られるものだった。しかし、核攻撃を生き延びる一助としてこれを実施する代わりに、デイヴィスはそのようなネットワークがあればコンピューター中心の通信を様変わりさせ、遠隔コンピューター・ネットワークとコンピューター間の通信を可能にするだろうと考えた。これこそまさしくARPAが解決策を探し求めていたような必要条件だった。AT&Tとは異なり、イギリスの電気通信産業に携わる人びとはこの考えに感銘を受け、デイヴィスの構想と詳細なアプローチがARPAプロジェクトに投入されることになった。

1967年に、ARPAの主任研究員たちを集めた会議にこの提案が出された当初、その反応は一様ではなかった。この会議に出席したコンピューター科学者のダグ・エンゲルバート（コンピューター・マウスの発明者）が述べたように「最初の反応の一つは、『やれやれ、このタイムシェアリング・コンピューターができても、私が利用できる資源は相変わらず少ないままだ』というものだった」。自分たちのコンピューターを遠隔地の利用者に開放すれば、それを自分が利用する機会は減るだろうと人びとは心配していた。しかし、この会議でデイヴィスのアイデアの一つを再現してみせることには成功した。ネットワーク上で小型のコンピューターを仲介役のスイッチとして利用し、パケット〔小包のような小分けデータ〕を受け取らせて次の接点までそれを送らせたのだ。

ARPANETと当初呼ばれたインターネットは、回線を通じて情報を送るようになった最初の機構では決してない。しかし、インターネットを特別な存在にしたのは、始動した当初から柔軟な仕組みとする意図が盛り込まれていたことだった。通常、接続には固定された役割があって、特定の一つの用途に合わせて調整された正式なプロトコル〔通信規格・手順〕が使われていた。このプログラムに参加したアメリカの大学が必要条件について相談を受けた際に、大学側は2つのニーズを強調していた。既存のやり方では満足できなかったもので、それとは十分に異なったニーズである。

大学側は、別の場所にあるメインフレーム・コンピューターに遠隔地からログインできるようにしたかったのだ。しかし、彼らはファイルも送受信できるようにしたいと考え、たとえばひとまとめのデータを別の大学に送れるようになることを望んでいた。これらはまるで異なる要求だった。スティーヴ・クロッカーが初期の大学参加者による1968年8月の会議で説明したように、こうしたすべての問題に対処するつもりであれば、ネットワークはもっと広範囲の応用でも使えるように、「より一般的な枠組み」を目指すべきだという雰囲気があった。

ARPANETの最も革命的な側面は、気づかれずにいることも多いが、まず間違いなく今日でもまだ衝撃的なものだろう。従来のネットワークを利用するときには、それが電話網であれテレビ網であれ、あるいはコンピュサーブやAOLなど、インターネットがやがて駆逐してしまう初期のパソコン通信ネットワークですら、利用者はその特権にたいして支払っていた。しかし、ARPANETは政府が出資していたため、誰も課金する仕組みでそれを構築しようとは考えなかった。利用者に費用を請求する能力は、ともかくこのシステムの構造の一環ではなかったのである。

## ログインできるのか？ 1969年のその日

最終的に、UCLAとスタンフォード研究所（SRI）のあいだで回線がつながった。ネットワーク内で情報パケットの流れを管理するために必要な小型の仲介役のコンピューターは当時、IMP（インターフェイス・メッセージ・プロセッサー）と呼ばれていた。これを組み立てる役割は、マサチューセッツ州ケンブリッジを拠点とする、ボルト・ベラネク&ニューマンという比較的少人数のコンサルタント会社に任せられた。この構想全体の斬新さを考えれば、同社はかなり短期間で驚異的な成果をあげていた。ハードウェアは揃いつつあった。しかし、ARPANETの成否を決めるのはソフトウェアだった。

この日に関係する人物として名前を挙げられた2人、スティーヴ・クロッカーとヴィント・サーフは科学への情熱を共有する高校時代からの友人だった。まだ高校生のころ、2人は週末に施錠されたUCLAのコンピューター・センターに忍び込み、コンピューターの停止時間を利用して、マシンを勝手に使用していた。スタンフォード大学で数学の学位を取得して卒業したあと、サーフはロサンゼルスのIBM

に就職して、タイムシェアリング・システムを担当したが、その後、UCLAの大学院でコンピューター科学の研究をすることになり、クロッカーと再び一緒になった。クロッカーはその後すぐにMITに移ってしまったが、1968年の夏にUCLAに戻ったため、2人は再び一緒になった。

LEDの場合と同様に、主要な一歩を踏みだした人物として特定できる人は大勢いるが、クロッカーとサーフはネットワークのソフトウェア・プロトコルの開発で中心となり、参加した各大学の何人もの院生らと協力し合っていた。ネットワーク・プロトコルは一種の共通語のようなもので、それぞれの拠点にアクセスして指示を与えるための標準方法となる。インターネットの基本となるプロトコルはTCP／IP（トランスミッション・コントロール・プロトコル／インターネット・プロトコル）として知られるようになる。その役割はデータをパケットに分割し、情報の出所や行き先を指定し、ネットワークを通じて目的地に送り、再びパケットを集め直してメッセージにすることだ。

---

**プロトコル、ドメイン、DNS**

TCP／IPのプロトコルをじかに目にすることはあまりないが、TCP／IPの上にもっと馴染みのあるハイパーテキスト・トランスファー・プロトコル（HTTP）が位置している。これによって〔各端末からウェブに接続するための〕ブラウザーからサーバーに要求が出せるようになり、サーバーは要求された情報を供給し、TCP／IP経由でそれを送れるようになる（eメール、携帯電話間のSMSやMMS、動画のストリーミング配信など、その他のインターネットのサービスは、TCP／IPをもっと直接利用しているが、これらにもまだHTTPユーザーインターフェースがある）。HT

---

TPはウェブサイトからそれぞれのブラウザーが具体的に何を――たとえばどのページを――求めているのかを特定すると同時に、画面上の情報のレイアウトも指定する。これはハイパーテキスト・マークアップ・ランゲージ、つまりHTMLと呼ばれる広く使用されるコードを経由して指示されている。TCP／IP上にあるプロトコルはほかにもある。たとえば、コンピューター間でファイルを送るためのファイル・トランスファー・プロトコル（FTP）や、eメール・メッセージをサーバーから読みだすのに使われるインターネット・メッセージ・アクセス・プロトコル（IMAP）などである。

ウェブページにアクセスするときに使われるドメイン名は下位レベルのもので、正しいサーバーに接続するための比較的馴染みやすい方法を提供する。サーバーはIPアドレスと呼ばれる番号で識別される。これは4組の数字で構成され、それぞれが0から255までの数字となって8ビット〔0と1の2進法に変換すると8桁の数字、つまり8ビットとなり、これが1バイト〕で表わされ、全体で32ビットになっている。これはつまり、合計でほぼ43億通りのアドレスが可能になることを意味する。インターネット上にある機器の台数を考慮して、このプロトコルは64ビットのアドレスを使うシステムに長期にわたって移行する途上にあり、そうなれば1800京台の機器で使えるようになる。ドメイン・ネーム・サーバー（DNS）と呼ばれるコンピューターは、www.brianclegg.net のような見慣れたURL〔統一資源位置指定子《ユニフォーム・リソース・ロケーター》〕を、適切なIPアドレスに変換する。

RFC、すなわちリクエスト・フォー・コメンツ〔「コメント募集」を意味する〕の中心となるメカニズムを打ち立てたのはクロッカーだった。インターネット・プロトコルを管理する人びとが、アイデアや改善点を議論し、標準を定める方法として使用するものだ。１９６９年４月７日にＲＦＣの第１号が発せられて以来、いまではこのようなコメントは数千件にのぼっている。第１号では、２台のコンピューターが対話中であることを示す「ハンドシェイク」を成立する基本的な方法について議論された。

１９６９年９月の初めに、最初のＩＭＰとして使われたハネウェル５１６を改造したコンピューターがボストンからロサンゼルスまで空輸され、ＵＣＬＡに設置された。これは冷蔵庫ほどもある灰色の箱型のもので、重さは約４００キロあった。このマシンは誤作動なく動きだしたが、接点《ノード》が１ヵ所しかなかったので、まだネットワークにはなっていなかった。ＵＣＬＡのチームは自分たちのコンピューターであるＳＤＳ（のちのゼロックス）製のシグマ７への接続を試すことはできたが、まだ何も生じていなかった。

２台目のＩＭＰはスタンフォード研究所に10月１日に設置され、そこには通常は互換性のないタイムシェアリング用に設計されたＳＤＳコンピューターのＳＤＳ９４０が配備されていた。かたやシグマ７はもともとデータを集めて一括処理をするバッチ・マシンとして設計されていた。

ＡＲＰＡＮＥＴは50キロビット毎秒で動くように考えられていた。今日では、家庭用のインターネット接続でも、この１０００倍の速度で動くことも珍しくはなく、主要幹線《バックボーン》のリンクはさらに高速になっている。当初の目的は、接続された端末と端末がピア・ツー・ピアでやりとりすることではなく、メインフレーム・コンピューターにログインできるようにすることだったので、いちばん最初に回線に送られた文字は、ＬＯＧＩＮのコマンドだった。少なくとも、そのはずだった。

ＵＣＬＡの学部生だったチャーリー・クラインがその最初の文字をタイプする栄誉に浴した。何が起きているかを確かめるために、彼はスタンフォード研究所の相手方の若い研究員であるビル・デュヴァルに電話で連絡を取り、自分がタイプしたとおりにすべての文字が到着したかどうかを確かめた。最初のLOまではうまく行ったのだが……クラインがGとタイプしたところで、スタンフォード研究所のシステムが動かなくなった。その理由は、賢過ぎるプログラミングによるものだったことが判明した。やりとりのこの段階では、LOの文字で始まるコマンドはほかになかったので、スタンフォード研究所のシステムが自動的にGINを加えた。これが一度に1文字ずつしか受信しないことを想定していたプログラムを経由して送り返され、たちまちクラッシュしたのだ。

この問題はほどなくして克服され、数時間後にはUCLAの学生がスタンフォード研究所のマシンでプログラムを実行していた。確かに、同研究所のマシンに関する限りでは、少なくとも当初は、単にもう1台の端末と接続されただけだった。だが、1969年10月1日には、クロッカーとサーフはのちにインターネットとなるいちばん初めの接続に成功したと報告することができた。翌夏には、9台のマシンがネットワーク上で動いていた。1971年には、最初のeメールがネットワーク上で送られた。世界はまだそのことに気づいていなかったかもしれない(私はまだこの時点ではパンチカードを郵送していた)が、事態は永久に変わっていたのだ。

## 苦難の年月

ARPANETは当初、大学を対象としていたが、これは軍事利用することも念頭に開発されていた。

1983年に、ネットワークの一部は軍事専用とするために、MILNETと名称を変えて切り離され、残りはARPANETとして存続した。これが今日私たちの知るようなインターネットの出発点となった。1988年には、6万台ほどのコンピューターがARPANETに接続されていた。この年に、コンピューターのオペレーターはいまではすっかりお馴染みとなった新しい現象を初めて体験することになった。ところが、それは分散型ネットワークであったために悲惨な結果となった。

ARPANET上のコンピューターは、明らかな理由もなく速度が落ち始めていた。この現象は、一台また一台とマシンがおかしな挙動を見せ始めるなかで、ほとんど病気のように広まっていった。オペレーターたちはコンピューターを再起動させ、入力したコードを削除してみたが、再び接続するや否や、またもや動きが悪くなった。しまいには、ARPANET全体を停止させなければならなくなった（インターネット全体を停止する必要がある同様の事態がどんなものになるのかを考えると、興味深い）。

この問題の責任は、ロバート・モリスというコーネル大学の院生にあったことが判明した。ARPANETが大きな機構であることは誰もが知っていたが、そこに正確に何台のコンピューターが接続しているのか誰も把握していない段階にまできていた。モリスは接続されているコンピューターの調査をするプログラムを考案した。これは、OSとして圧倒的にUNIXを使う大学のコンピューターのメール・プログラムにある小さな欠点を利用して実行する予定のものだった。モリスはeメールを使ってコンピューターからコンピューターへ受け渡されて台数を数えあげる、人目につかない小さなプログラムとなるはずのものを書いた。

このプログラムは自動インストールする前に、すでに同じものが組み込まれているかどうかを確認していたが、オペレーターがそれに気づいて、ダミーのプログラムと置き換えるかもしれないとモリスは考えた。そこで、プログラムがすでに組み込まれていても、7回に1回は自動インストールするようになっていた。その結果、コピーがコンピューターからコンピューターへ送られ、分散型ネットワーク一帯に戻ってくるにつれて、それぞれのコンピューターで何百ものプログラムのコピーが作動して、徐々にマシンの動きを止めていたのだ。モリスは意図せずして、最初のコンピューター・ウイルスを書いていたのである。とりわけ皮肉なことに、あるコンピューター・オペレーターが国家安全保障局に電話をかけたところ、問題に対処するためにロバート・モリスという人物に取り継がれた。連絡を受けたこの職員は、コンピューター詐欺および悪用法令のもとでのちに有罪宣告される最初の人物となる学生の父親だったのだ。

インターネットは研究者のあいだでは着実に進歩を遂げ、そのプロトコルはかなりの数の企業からも採用されたが、これは決して一夜にして突然もたらされた成功ではなかった。一例として、アップル社のアイフォンの発売とともに急激に売れだしたスマートフォンを考えてみよう。ものの数年間で、これはどこにでもある技術製品となった。だが、1969年から、たとえば1995年までの26年間を一飛びしても、大多数の家庭での利用者に関する限り、インターネットはほとんど存在しないも同然だった。

ほかのコンピューターに接続したい人びとは、民間の専用ネットワークに電話で接続していた。技術に強い人であれば、これはかなりの柔軟性を提供していたコンピュサーブであることが多かった。もっとパッケージ化された接続を望む人には、AOL（旧称アメリカ・オンライン・リミテッド）があったし、アップル・コンピューターを利用する人には独自の制限付きのeワールド・ネットワークがあった。

インターネットがまだ比較的知られていなかった1995年を私がとくに選んだのは、この年にマイクロソフト社がウィンドウズのOS、ウィンドウズ95を発表し、大躍進を遂げた年だったからだ。この発売当時、マイクロソフトはMSNという独自の新しい専用ネットワークに完全に焦点を絞っていた。インターネットは学界だけの無関係なものとして追いやられていたのだ。

当時のネットワークではeメール、ディスカッション・フォーラム、初期のオンライン・ショッピングなどを利用することができた。しかし、それらは個々の会社が提供するものにおおむね限定されていた。ワールド・ワイド・ウェブ（WWW）が追加されて利用可能な枠組みができたおかげでインターネットがもたらしたものと、パソコン通信の時代との違いは、旧式のテレビ・ネットワークを一つだけ視聴するのと、現代のあらゆるジャンルのストリーミング配信を選べる状態との違いにも、どこかしら似ている。

当初のウェブは、学界インターネットという初期の考え方が染みついていたため、特定分野のためだけの目新しいものに思われた。もともとの専門家による利用以外では、インターネットで供与されるのは、どこかの機関が開設したウェブサイトを「訪問」する便宜しかなく、その多くは文字中心で（画像はあったとしても、目の粗いもので、ダウンロードに時間がかかった）、何らかの大きな目的を念頭に置いたものではなかった。ウェブが加わった結果、インターネットが商業化したことにたいし、一部の初期インターネット・ファンからは苦情が上がったものの、その商業部門がかかわってこそ、インターネットは一般大衆にとって本当の価値をもち始めるようになった。

eメールのような、インターネットの基礎にある基本的特徴はまだそこに残っていた。しかし、ウェブとともに、オンラインで買い物をすることが可能になり、情報には新たな異なる方法でアクセスできるようになった。動画のストリーミング配信やビデオ通話など、近年インターネットが多く利用されていることの一部は、ウェブそのものをかならずしも利用していないが、インターネット・プロトコルを利用する特定のアプリケーションが動きだすまでは、ウェブのインターフェイスを経由してそこにたどり着いている。コンピューター技術者は、一般人がインターネットとウェブを混同して、たとえばティム・バーナーズ＝リーがインターネットを発明したなどと言うと苛立つ。彼が発明したわけではない。しかし、バーナーズ＝リーによるワールド・ワイド・ウェブがインターネットの大衆向けの顔であって、それがこれまでのような成功をもたらしたことについては疑いの余地はない。

かつては特定分野の技術的通信ネットワークであったものが、汎用性のある通信媒体として、電話網から紙の書類まであらゆるものに取って代わったのである。携帯電話からコンピューター、スマートテレビ、スマートスピーカーなど、ありとあらゆる機器の驚くべき処理能力と相まって、インターネットはデータの交換方法をはるかに超えた存在となり、家庭でも業務でも、私たちが暮らしを営む方法を様変わりさせた。

## 暮らしを一変させたもの

ウェブ

ワールド・ワイド・ウェブを通じて私たちがこれほどインターネットに依存するようになるとは、誰も予測できなかっただろう。オンライン・ショッピングからナビ機能まで、ウェブは多くの人の暮らしと仕事を一変させた。

## eメール

インターネットが広く行き渡る以前から、その他のネットワークを通じてeメールは利用できたが、インターネット・プロトコルが提供する標準化によって、eメール、およびSMSなどの関連サービスは、ほぼ瞬時の反応速度をもつ郵便制度として万国共通のものになった。企業も個人も、情報通信の多くがこれらのシステムに頼っている。

## VOIPとビデオリンク

当初は課金の仕組みがなかったために、インターネットは電気通信会社にとって限定的な影響しかなかった。だが、いまではVOIP——ヴォイス・オーヴァー・インターネット・プロトコル——を使った無料のインターネット電話は一般的なものになった。これはとくに、従来の方法ではまだ高額でありつづける国際電話に多大な影響をもたらした。一方、国内の通話は、いまではアクセス・パッケージの一環としてよく提供されている。ビデオ通話はSFの世界では昔から予測されていた割には、いかにもわざとらしく感じるため、普及はずっと遅れていた。しかし2020年にCOVID-19のパンデミックが始まると、ビデオ通話はとりわけテレワークを可能にするために一斉開花し、いまや高い普及率を保ちつづける可能性が高そうだ。

## テレビの変貌

インターネットの黎明期には、どれほどの帯域幅が必要とされるかは考えられなかっただろう。そのため、インターネットが普及した結果、テレビが予定どおりに番組が放送されるチャンネルから、視聴者の都合に合わせて決めた時間にオンデマンドで視聴できるビデオに移行したことは、さほど予測されていなかったことの一つだった。2021年現在では、まだ放送予定を組んだチャンネルがかなり支配的な移行段階にある。しかし、そのような放送局が世代を超えて存続するとは考えにくく、その後はすべてのテレビがストリーミング配信となる可能性が高い。

## クラウド

クラウドは目にすることがないうえに、インターネットが可能にしている仮想の存在に過ぎないため、その重要性を私たちは忘れがちだ。実際には、クラウドはインターネット経由のアクセスと、大型のデータ保存設備を組み合わせたものなのだ。クラウドがなければ、ストリーミング配信するインターネットテレビは実現可能ではないだろう。しかし、私たちはますます多くのデータをデジタル形式で保存しているので（たとえば、写真のコレクションなど）クラウドは巨大な安全網にもなってきた。私がPCを使いだしたころ、初期の機器は現在のマシンほど信頼性がなかった。当時は画期的だったIBMのPC／ATは、使い始めた最初の半年間にハードディスクが2度故障し、そこに保存したすべてのデータが失われた。これはバックアップを取れという教訓的実例であり、私はそれ以来、バックアップを取らねばという強迫観念に駆られている。オフィスが火災になったときに備えて、かつては別の場所にバックアップ・ディスクを保管することさえやっていた。しかしいまでは、誰でもわずかな費用でデータをクラウドに自動的にバックアップすることができる。

## モノのインターネット（IoT）

インターネットは比較的少数の大型コンピューターを接続する方法として考案された。しかし、いまでは明確にコンピューターと認識されている以外にも、はるかに多くの機器に情報技術が使われている世の中となった。何よりも明らかな事例は携帯電話だ。スマートフォンとなった電話は、ポケット・コンピューターにほかならない。2020年には、世界中に35億台以上のスマホ利用者がいた。しかし、いまではインターネットに接続されている機器はほかにもたくさんある。私の自宅をざっと調査したところ、インターネットに接続された機器は少なくとも15台はあった。コンピューターとスマホ以外にも、テレビ、プリンター、セントラル・ヒーティング、照明などが含まれる。ほかにも呼び鈴、警報器などが、この「モノのインターネット」に加わっている。インターネットに接続された一部の機器（トースターやコーヒーメーカーなど）は重要な意味があるという以上に、目新しい品でありつづけるが、これは廃れてゆくことのない移行なのである。

# 11日目？

1969年からは長い年月が経っている。事態は確かに進んできた。クロッカー、サーフや共同研究者らがインターネットに2番目の接点を設ける作業に取り掛かっていたときには、現代の過度に接続し合った世界はまず思い描けなかっただろう。それでも、土台となるものはすべてそこにあった。それ以来、物理学には多くの進展があった。とりわけ、原子以下の粒子にたいする理解は、陽子と中性子の下部構造がクォークとグルーオンからなるものと受け入れることから、ヒッグス粒子の検出にまでいたっている。同様に宇宙論でも、ビッグバン理論の勝利から、ブラックホール、暗黒物質、ダークエネルギーの発見など、多くの進展があった。それでも、これらはいずれも私たちの日々の暮らしに重大な影響をおよぼすことはなかった。

現代物理学は数理モデルに頼り過ぎていて、現実にあまり目を向けていないと主張した人びともいた。「4日目」で紹介したジェームズ・クラーク・マクスウェルが始めた、機械的モデルから純粋な数理モデルへの移行は、現実から物理学を解離させようとしたものではなかった。それでも、現代の物理学の世界における試みの多くは、数学的な「美しさ」が観測可能な現実との結びつきよりも強調される事業に無駄遣いされていると言っても過言ではないだろう。

たとえば、ひも理論の有効性を証明する方法はいまだに見つからないのに、そのために多大な試みがつづいている。超対称性は、一度も観測されたことのない新たな大量の粒子の存在を予測する概念だが、さらに大型の粒子加速器にもっと多くの費用をつぎ込む提案をいまなお推進している。そのような粒子の一部を検出できるはずだった既存の加速器は、失敗に終わっているのだが。だからといって、物理学は実験を行なうべきではないということではない。むしろそれが向かっている方向と、そのために必要な費用が、一部の分野では時代遅れになってしまったようだ。あまりにも多くの努力を傾けてきたため、見込みのない企てとなりかねないことへの追究を物理学者があきらめきれないのだ。新しいアイデアが本当に生まれるには、物理学者の一世代が死に絶えるのを待たなければならないかもしれないと述べる科学哲学者もいる。

しかし、物理学や物理にもとづく工学がいまでも私たちの暮らしを様変わりさせる影響をもちうる方法はいくらでもある。私は4つの可能性を提案したい。そのすべてが、この先近いうちに何かを引き起こすと確信しているわけではないが、いずれも将来に大変革を起こす潜在的能力がある。

## 折り畳みマニア

最初の分野は人工知能（ＡＩ）だ。コンピューター科学のこの側面は、タンパク質の折り畳み（これについては後述）の理解を助ける能力にしろ、自動運転車をより安全にするために必要な手助けをすることにしろ、すでに驚くべき可能性を示している。人工知能は１９６０年代から概念としては存在していたが、出だしでつまずいた試みが多数あった。しかし、一部のＡＩアルゴリズムはついに本格的な進歩を遂げつつあるようだ。

一言だけ忠告を。ＡＩはつねづねもてはやされ過ぎてきたものであり、今日もまだ同様である。一部のゲームでＡＩソフトウェアが驚くほどの腕前を示したことは確かだが、これらのソフトウェアはいずれも応用が非常に限られている。タンパク質の折り畳みの突破口は、２０２０年11月にディープマインド社のプログラム、アルファフォールドによって実証され、メディアによって広く喧伝され、「ＡＩが50年来のタンパク質折り畳み問題を解決」といった見出しが踊った。アルファフォールドのプログラムがそれ以前の試みよりはるかに健闘したことは疑いないが、この問題は決して「解決」されてはいない。

タンパク質は非常に大きく複雑な分子で、自然にそれぞれの形状に折り畳まれ、その働きを左右する。タンパク質がどのように折り畳まれるかを知ることは、その役割を理解するうえで欠かせない。タンパク質には何百万もの種類があるが、その構造が判明しているものは比較的少ない。その結果、長年にわたって、どのコンピューター・プログラムがタンパク質の構造を予測するのに最適かをめぐって競争がつづけられてきた。２０２０年の突破口は、アルファフォールドの最新版が競合相手に見事に打ち勝ったもので、その他のプログラムは利用する価値がほとんどないほどにまで出遅れることになった。それは驚異的なことだ。

しかし、その前進は飛躍的なものであっても、アルファフォールドが立てた予測のうち、実際の構造と合致したのは3分の2だけだった。しかも、それらの構造を知らなければ、どの3分の2が正しいかがわからないのだ。これはたとえば、新しいワクチンのベースとするには十分ではない。「正しい」ものですら、タンパク質内部の原子の正確な位置を予測して、薬の開発に直接使うには程遠かった。だからといって、このプログラムが役に立たないというわけではない。その予測は実験を重ねる研究調査の進み具合を間違いなく速めてくれる。ただし、そうした研究を省けるわけではないのだ。

同様に、AIを熱心に推進する人びとは、自動運転車がもうすぐにも路上を普通に走行するようになるだろうと語る。この開発には、電子工学やインターネットが大変革をもたらしたのと同様に、輸送形態を様変わりさせる可能性がある。自動運転車があれば交通事故は減るだろう。現在、世界全体では毎年、100万人以上が事故死している。私たちの大半は、予約してから数分後に玄関前にこうした車が到着するなら、自分の車をもつ必要すらなくなる可能性がある。さらに、自動運転車ならば接近して運転できるので、混み合った道路にもっと多くの車が乗り入れられるようにもなるだろう。ほとんど電車のように動いて、交差点に差し掛かるたびに、それぞれの車両が切り離されるようなものだ。

こうしたことはいずれも素晴らしく聞こえるが、自動運転車の推進者は総じて落とし穴にはまる危険を検討するのを避けがちだ。この技術は確かに交通事故死を大幅に減らせるが、交通事故による死亡率は、早期に自動運転車を導入する可能性がない地域のほうがはるかに高いのだ。たとえば、2018年にヨーロッパの住民100万人当たりの交通事故死者数を比較すると、イギリスが最も安全で28人、つづいてデンマーク（30）、アイルランド（31）、オランダ（31）、スウェーデン（32）となる。ヨーロッパで最も安全でないのはポーランド（76）、クロアチア（77）、ラトヴィア（78）、ブルガリア（88）、ルーマニア（96）である。確かに、アメリカは100万人当たり124人と、それより大幅に悪い。しかし、最も死亡率が高いのはすべてアフリカ諸国で、ワースト3は中央アフリカ共和国（336）、コンゴ民主共和国（337）、リベリア（359）である。車100万台当たりの死亡率を比較すると、事態はさらに悪化し、ソマリアの死亡率はイギリスの1000倍以上となった。

そのうえ、自動運転車は交通事故死を減らすものの、それでも死者を出さないわけではない。路上を走っている台数はまだわずかだが、すでに死者は出ている。タクシーの代替サービスを提供するウーバーは、2020年末に自動運転車部門を売却する旨を発表した。これは一部には、ウーバーの自動運転車が死亡事故を起こしたときの悪評判によるものだった（AIソフトウェアの落ち度によるものではなかったのだが）。そのような死亡事故は反発をかき立てやすい。未然に防いだ死亡事故はただの顔の見えない統計数値となるのだが、自動運転車による犠牲者は現実の人間であり、遺族はこの技術を非難することになるだろう。

もう一つの問題は、カリフォルニアのように道幅が広く、よく整備され、都市が合理的な碁盤目状に建設されている場所が開発の焦点となる可能性があることだ。たとえば、ヨーロッパのはるかに古くて狭い、曲がりくねった道に対処する場合は、より難題となるし、アフリカやアジアの大半の道路では言うまでもない。さらに妨害行為という問題もある。人間にはほとんど見えない小さなシールが、止まれの標識に貼りつけられただけでも、自動運転車はそれがまるで違う標識だと考え、危険な交差点を直進することがある。自動運転車の時代がくることを私は疑っていないが、たとえば日常的に路上で見られるようになるのが、2050年までかかったとしても、驚くべきことではないだろう。

人工知能にはまだ、SFでよく描かれるような汎用人工知能、つまり人間のように柔軟に考えることのできるロボットなどのAIに近づく気配はまったくない。成功した利用方法はいずれも非常に特殊なものだが、そのためにAIが私たちの暮らしに影響を与えるものとして成長しつづけないわけではない。同じことはおそらく、物理学と物理にもとづく工学で考えられる次の大きな分野でも、言えるだろう。ディスプレイの変貌だ。

## ガラスの家に住むようなもの

コンピューターが身近なものになって以来、画面上に表示される情報への私たちの接し方はいちじるしく変わってきた。1980年代には、コンピューター画面に表示された写真は、おそらくわずか256色からなり、横幅はせいぜい640ピクセルしかなかっただろう。いまでは色数は1600万色を超え、くっきりはっきりしている。テレビ画面ははるかに大きく鮮明になり、昔のテレビのようなかさばる部分がすべて消えたことは言うまでもない。私たちはポケットのなかにも、腕時計としても、驚くようなカラー画面をもち歩いている。それでもSFで予言されたことの一部は、まだ現実にはなっていない。

1930年代以来、SF小説は私たちに、未来には3D〔立体〕テレビなどが登場すると約束してきた。だが、これを実現するべく多くの試みがなされたものの、3Dテレビが主流となるきざしはまだどこにもない。これにはまず間違いなく2つの理由があるだろう。3D映像を実現する方法の大半は、視聴者が特別なメガネをかける必要があることと、映画館で観る場合と比べて家庭ではそれほど集中できないために、効果が限定的なものとなることだ。

私たちの多くは、ときおり3Dメガネを我慢してかけて大きなスクリーンで映画を鑑賞する心構えはあるとはいえ(まだ2D版を好む人も大勢いるが)、テレビを観るような日常のことには、3Dメガネはあまりにも過大な要求に思われる。むしろ、私たちが昔ほど画面に釘付けにならなくなってきたことも、また事実だ。私たちの多くがもはや本格的なステレオ・システムにこだわらなくなって、小型の機器で音楽を聴く便利さを好むようになったように、動画鑑賞の多くはスマートフォンの画面に追いやられるか、ほかのことを同時にこなしながら、別画面で観るものになっている。3Dテレビから得られる価値は、そのような気軽な視聴モードとはあまり結びつかない。

しかし、進化したディスプレイ技術を熱心に推進する人びとによれば、将来はテレビなどではなく、AR/VR、つまり拡張現実と仮想現実なのであって、それが本当に効果を上げるのはヘッドセットと一緒に使用した場合だけなのだという。拡張現実は、現実世界の景色に、仮想の動画の構築物を重ね合わせるもので、おそらく最もよく知られた事例はポケモンGOのゲームだろう。仮想現実はコンピューター・グラフィックスによる場面で視界全体を置き換えるものだ。多くの人がこれを体験する最も近い状況は、一人称視点《ファーストパーソン》コンピューターゲームだ(画面上にプレイヤーキャラクターの腕や武器などだけが映る本人視点のゲーム)。

大半の人がこれらの現象を経験するのは、スマホや家庭用ゲーム機の画面を通じてだろう。しかし、本格的に体験するためには、現在の技術では目をすっぽり覆うヘッドセットを必要とし、これはかさばるうえに、長時間つけているのは難しい。ここでの大きな突破口は、メガネ店で売られているような普通のメガネくらい邪魔にならない軽量のもので、本格的なAR／VR体験ができるようになると期待されていることだ。

これらの技術が向上しているのは間違いないが、自動運転車のように、十分に考慮されていない障害がある。ARメガネの初期の事例は、グーグルのグラス・プロジェクトだった。カメラを搭載したメガネで、拡大された小型の仮想画面を、レンズを通して見える視界に投影するものだ。グーグルのグラスが失敗作であったことはまず疑いない。グラスは高額なうえに不恰好に見えた。しかし、より重要なことに、これを装着した人たちはかなり叩かれるはめになったのだ。利用者はからかわれるか、プライバシーに関する〔顔認識機能などへの〕懸念があるとして出入りを禁止された。

現実には、私たちの大半は頭部にやたらに多くの技術製品を装着することに乗り気ではないようだ。AR／VRメガネの利用者は周囲の人からのいじめに遭うかもしれない。この分野の専門家のなかには、2025年にはそのようなメガネは当たり前のものになると考える人もいるが、あまりにも楽観的であるようだ。自動運転車と同様に技術は進歩しつづけ、いずれは受け入れられるようになるだろう。この種の技術がコンタクトレンズにも埋め込める日すらくるかもしれない。しかし、おそらくAR／VRメガネが広く受け入れられるようになるのは、2030年代のことだろうという気がする。

## 量子粒子によるコンピューティング

限定的ながら広い分野で採用が最も見込めるのは、おそらく量子コンピューティングだろう。この分野では、物理学は電子工学より一歩先んじており、量子粒子の奇妙なふるまいをより明確に利用するようになっている。半導体電子機器はいずれも量子原理にもとづくものだが、コンピューティングの論理は0か1の値をもつ通常レベルのビットで作動するものだ。量子コンピューターはこれらを量子ビットに置き換える。量子粒子の状態によって表わされるもので、量子ビットは事実上、一度に1つ以上の値が取れるため、一緒に動かすことでコンピューターの性能は何倍にも増すことになる。

世界中の研究所が数十年にわたって量子コンピューターを組み立てようと試みてきたが、技術的な難題は大きく、物理学そのものも人間の知識の限界に挑戦するものとなる。だが、事態は変わりつつある。実験的な量子コンピューターは、既存のコンピューターでは同じ時間内にこなせない若干の仕事をやり遂げる段階にまで到達し始めている（量子超越性《スプレマシー》と呼ばれるもの）。さらに、量子コンピューター用のアルゴリズムも、適切なレベルの技術とともにいくらか存在し、たとえば検索速度を大幅に上げられるようになっている。現在のコンピューティング技術では、大きな制約があるものだ。

私たちが机の上で量子コンピューターを見ることはないだろう。これは一つには、量子コンピューターがPCのような汎用機器ではないためだ。一部の業務では無敵のものになる可能性があるが、量子コンピューターが取り組める仕事の幅にはかなり限界がある。しかし、現状では、研究所内に存在するごく限定された量子コンピューターですら、極端な条件を必要とすることもまた事実だ。たとえば、多くの機種は絶対零度に近い極低温に保つ必要がある。かならずしも家庭では実用的とは言えないのである。

しかしいままでは、双方の世界のいいとこ取りをしたメカニズムをクラウドが提供している。大半のコンピューターには画像を扱うために別の処理装置がついている。CPU（中央演算処理装置）はこの専用ユニットに画像処理を任せて、結果を受け取る。同じことがクラウド内部の量子コンピューターでもできるのだ。従来のコンピューターで動くアプリが、特殊な要求を量子コンピューティング・ユニットに送り出すと、その結果を受け取ることができる。2020年代の終わりには、量子コンピューティングが重大な影響力をもち始めるのを目の当たりにするだろう。「11日目」としての最後の提案よりは、間違いなくずっと早いはずだ。

## 測定するには安過ぎる電気

1954年に、アメリカ原子力委員会の会長ルイス・ストローズは聴衆にこう語った。「われわれの子供たちは測定するには安過ぎる電気エネルギーを家庭で享受するようになると期待したとしても、的外れではない」。ストローズは電気代が無料になると言っていたわけではなく、水道と同様にメーター制でなく供給されるという意味だっただろう（皮肉なことに、水道はいましばしばメーター制になっている）。この楽観主義の根拠は原子力だった。しかし、当時の原子力発電所がこのような事態を実現していた可能性は決してなかったようだ。ストローズは実際には、核融合エネルギーに言及していたのだと推測する人もいる。

核融合は太陽の動力源だ。現在の核分裂反応炉とは異なり、ウランのような燃料を必要とせず、はるかに有害でない水素の同位体を燃料として利用する。また、同量のエネルギーを生みだすために必要となる燃料もずっと少ない。しかし、核融合は開始させ、継続させるのが非常に難しい。核分裂と比べた場合のプラス面の一つは、核融合反応炉であれば暴走する心配がない点だ。わずかな刺激を受けただけでも、自動的に止まってしまうからだ。

1950年代には、核融合反応炉を運転して、そもそも投入した以上のエネルギーを出力させることがどれほど困難であるかは知る由もなかった。最初に構想が練られて以来、核融合は主流となるまでに50年はかかると予測されてきたが、いまでもそれは変わらない。これは遅々として進まないかのように聞こえるが、私たちは大きな進歩を遂げてきた。

現在、希望の星となっているのは、ITER《イーター》（国際熱核融合実験炉）と呼ばれるプロジェクトで、フランスのプロヴァンス地方サン・ポール・レ・デュランスを拠点としている。2013年に建設が始まった装置は、2025年までに本格稼働する予定となっており、これは操業するのに必要とする以上のエネルギーを生産する最初の核融合反応炉となることが期待されている。しかし、これはまだ実験炉であって、次世代のものがおそらく2050年までに、実用の発電所であると見なせる第1号炉になる可能性があり、核融合が主流として採用されるまでにはその先さらに20年以上の歳月が必要となるだろう。

風、潮汐、太陽はエネルギー需要のかなりの部分を供給できるが、これらの変動的なエネルギー源はこの先もつねに出力を一定にする必要が生じるだろう。一つの可能性は、蓄電の効率を大幅に上げるバッテリー技術が進歩することで、それ自体が物理学にもとづいたもう一つの画期的な技術である。バックアップとなる可能性のあるもう一つの発電方法が原子力であり、核融合の発電の開発が進んで初めて、これは長期的な将来性をもつようになるだろう。

ニールス・ボーア（およびほかの何人か）が述べたと言われるように、予測を立てるのは難しい。将来のこととなればなおさらだ。この章で書いたことの大半は、正しくない可能性もある。物理学と物理にもとづいたまったく新たな技術が出現して、私たちの暮らし方に大きな違いをもたらすことだって完全にありうる。だが、確かに言えることは、物理学の応用が再び暮らしを変える次の日はやってくるということだ。

### 10日目

インターネットの歴史 *Where Wizards Stay Up Late*, Katie Hafner and Matthew Lyon (Touchstone, 1996)（『インターネットの起源』ケイティ・ハフナー、マシュー・ライオン共著、加地永都子、道田豪共訳、アスキー、2000年）

社会のなかのインターネット *Tubes*, Andrew Blum (Ecco, 2012)（『インターネットを探して』アンドリュー・ブルーム著、金子浩訳、早川書房、2013年）

## 参考文献


### 1日目

ニュートンの読みやすい伝記 *Isaac Newton: The Last Sorcerer*, Michael White (Fourth Estate, 1998)

ニュートンの詳しい伝記 *Never at Rest*, Richard Westfall (CUP, 1983)

重力 *Gravity*, Brian Clegg (St Martin's Press, 2012)

プリンキピア *Magnificent Principia*, Colin Pask (Prometheus Books, 2019)

### 2日目

ファラデー伝記 *Michael Faraday: A Very Short Introduction*, Frank James (OUP, 2010)

ファラデーの電気研究の背景 *Michael Faraday and the Electrical Century*, Iwan Rhys Morus (Icon, 2004)

### 3日目

熱力学の法則 *The Laws of Thermodynamics: A Very Short Introduction*, Peter Atkins (OUP, 2010)

### 4日目

マクスウェル伝記 *Professor Maxwell's Duplicitous Demon*, Brian Clegg (Icon, 2019)

### 5日目

キュリー夫妻伝記 *The Curies*, Denis Brian (Wiley, 2005)

ラジウム熱（マニア） *Half Lives*, Lucy Jane Santos (Icon, 2020)

### 6日目

アインシュタイン伝記 *Einstein: His Life and Universe*, Walter Isaacson (Simon & Schuster, 2017)

相対性 *The Reality Frame*, Brian Clegg (Icon, 2017)

### 7日目

超伝導 *Superconductivity: A Very Short Introduction*, Stephen Blundell (OUP, 2009)

量子応用 *The Quantum Age*, Brian Clegg (Icon, 2014)

### 8日目

トランジスターの歴史 *Crystal Fire*, Michael Riordan and Lillian Hoddeson (Norton, 1997)

### 9日目

「7日目」量子応用を参照

## 図版クレジット

16頁：Rijksmuseum
42頁：Wellcome Collection
50頁：Luigi Chiesa
54頁：by Alexander Blaikley (public domain)
66頁：Kuebi/Armin Kübelbeck (photo by Theo Schafgans)
70頁：Harper's New Monthly Magazine, No.231, August, 1869
82頁：Wellcome Collection
88頁：Philosophical Magazine 21, series 4
98頁：Jarould (photo by Henri Manuel)
112頁：smallcurio
120頁：ETH-Bibliothek Zürich, Bildarchiv (photo by Lucien Chavan)
140頁：Nobel Foundation
158頁：Nobel foundation
159頁：Nobel foundation
184頁：Shutterstock
198頁：Joi Ito
199頁：The Royal Society
203頁：Pete Birkinshaw
206頁：Shutterstock

32頁で引用した箇所は、『プリンキピア』(University of California Press, 2016) の英訳にもとづくもので、許可を得て転載した。

# 訳者あとがき

ラジオ、テレビ、携帯電話、インターネット、マイクロチップ、LED照明、発電機、レントゲン、MRI、ジェットエンジン、原子力といったものは、現代社会に暮らす私たちにとってはいずれも身近なものであるか、よく知っているはずのものだ。私たちは日々、これらの恩恵を何かしらこうむっている。しかし、それらが誰によって考案され、どんな原理で動くものであるかを大半の人は知らず、ブラックボックス状態でただ利用しつづけている。

物理学は、ともすると凡人には理解のできない分野になりがちだ。本書は物理のなかでも馴染みのある技術として応用されているものだけを厳選して、その構想がどうやって生まれ、どういう過程を経て実用化されたかをたどる物理学史の本だ。著者のブライアン・クレッグはたいへん多作なイギリスのサイエンス・ライターで、『世界を変えた150の科学の本』（創元社）や『科学法則大全』（化学同人）をはじめ、邦訳書も数多く出ている。本書の原題は *Ten Days in Physics That Shook the World: How Physicists Transformed Everyday Life*（『世界を揺るがした物理学の10の日――物理学者がいかに日常生活を変貌させたか』）という。

ここではニュートン、アインシュタインなどの超有名な科学者から、ルドルフ・クラウジウスやヘイケ・カメルリング・オネスのような、さほど知られていない物理学者や、インターネットの創始にかかわったスティーヴ・クロッカー、ヴィント・サーフのようなコンピューター科学者までが時代ごとに登場する。突破口を開くうえで一人の科学者のひらめきと努力が大きな影響力をもっていた20世紀前半までの時代から、研究活動が大学や研究機関の組織のなかで、大勢の研究者がかかわる共同作業となり、誰がいちばんの貢献者で、鍵となる瞬間がいつ訪れたのかが不明になる一方の現代までの変遷も語られる。現代では世の中を変える貢献をする偉人は出現しなくなったような印象を受けがちだが、近代以降の科学の発展によって世の中がそれだけ高度に複雑化し、もはや一人の天才の頭脳だけではどうにもならない段階にまできているのだろう。

青色LEDの開発に携わってノーベル物理学賞を受賞した日本の物理学者、赤﨑勇、天野浩、中村修二の3氏も本書に登場する。だが、彼らだけがLED照明の実用化をはたしたわけではなく、そこにいたるまで紆余曲折を経ていたことが、この本の「9日目」の旅から明らかになる。

本書は広く一般の読者を対象として、平易な言葉で書かれた本であることは間違いないのだが、翻訳をお引き受けするに当たってはじつは大いに迷いがあった。何しろ、物理と数学は高校3年を最後に縁を切ったも同然の、私の苦手分野であり、基本的に数式がないことと、私には理解のおよばない宇宙物理は含まれないことを確認して、恐る恐る取り組んだというのが正直なところだ。

そんな訳者が、本書で得たいちばんの収穫は、19世紀なかばのジェームズ・クラーク・マクスウェルの時代になって、物理学がそれまでの機械的モデルから、純粋な数理モデルに移行した事実を知ったことだろう。未知の現象を解き明かす際に、それに類似した現象が自然界に見つからなくとも、数学の方程式で生じている現象を表現することはできると考えたマクスウェルは、それを教会の組み鐘《カリヨン》を鳴らすことになぞらえたのだという。頭上の鐘楼内の仕組みはわからなくとも、数式を使ってロープの動きを表現することは可能だと考えたのだ。数学という言語でものを考えられない私には、目に見える形の機械的モデルのほうがはるかにわかりやすいが、複雑な現象を解き明かしてきた物理学者の頭のなかが、少しだけ理解できるようになった気がした。マクスウェルの同時代の偉大な物理学者の多くは、彼の純粋に数学的な見解を理解するのに苦しんだというのは、私には大いに共感できることだった。

その一方で、現代物理学は数理モデルに頼り過ぎていて、現実にはあまり目を向けていないという主張も本書は紹介する。ひも理論や超対称性などは現実から乖離したまま、多額の研究費がつぎ込まれつづけているという指摘もあり、外野にいる私にはしごくまっとうな見解に思われた。

本書の「10日目」に当たるインターネットの始まりを扱った章は、日々ひたすらネット検索しているような私にはとくに興味深いものだった。とりわけ、一般人にはインターネットが存在しないも同然だった1995年までの時代や、パソコン通信の時代から、いつのまにかワールド・ワイド・ウェブに移行し、常時接続されている時代の変遷を、よくわからないままに経てきた身としては、なるほどそういうことだったのかと納得させられることが多々あった。

また、校正中に老母が肺炎で危篤状態になり、病室にゲラをもち込んで作業をしていた折に、ベッド脇まで移動してレントゲン撮影ができる最新の医療機器を目にしたときには、本書の「5日目」に登場するキュリー夫人のことを思わずにはいられなかった。キュリー夫人は第一次世界大戦中、X線照射ユニット車を仕立ててみずから運転し、野戦病院の現場で1万人以上の兵士の治療に役立てたのだという。母は

1ヵ月余り入院して帰らぬ人となってしまったが、その間、この簡易のレントゲンが緩和剤で昏睡する母の肺炎の進行状況を確認するうえで重要な役割をはたしていた。撮影時に被爆しないよう若い技師が準備を整える様子を眺め、しばらくデイルームで待機するようにと指示されながら、私の脳裏にはキュリー夫人の死因がラジウム等による被爆ではなく、長時間にわたって防護服を着用せずにX線の医学的応用の研究に打ち込んだ結果だったという本書の言葉が浮かんでいた。

最後になったが、このような翻訳の機会を与えてくださり、昨年、多忙でなかなか着手できなかった際も辛抱強くお待ちくださり、訳者の知識不足をきめ細かく補い、個人的な事情にもご配慮くださった作品社の田中元貴氏に、心からお礼を申しあげる。

2023年6月15日

東郷えりか

［著者略歴］

**ブライアン・クレッグ**（Brian Clegg）

イギリスのサイエンスライター。ケンブリッジ大学で物理学の学位を取得、『タイムズ』、『オブザーバー』、『ウォールストリート・ジャーナル』の各紙、『ネイチャー』、『BBCサイエンス・フォーカス』、『フィジックス・ワールド』の各誌など多数のメディアに寄稿してきたほか、ウェブサイト“popularscience.co.uk”の編集者であり、自身のブログ“brianclegg.blogspot.com”でも執筆している。著作は多数に及び、『科学法則大全』（化学同人、2022）、『世界を変えた150の科学の本』（創元社、2020）、『もしも、アインシュタインが間違っていたら？』（すばる舎、2015）などの邦訳がある。近著に*Quantum Computing*（2021）と*What Do you Think You Are?*（2020）があり、*Dice World*と*A Brief History of Infinity*はどちらも王立協会科学図書賞のロングリストに選ばれた。

［訳者略歴］

**東郷えりか**（とうごう・えりか）

上智大学外国語学部フランス語学科卒業。訳書に、ルイス・ダートネル『この世界が消えたあとの　科学文明のつくりかた』、セアラ・ドライ『地球を支配する水の力――気象予測の謎に挑んだ科学者たち』、グレタ・トゥーンベリ編著『気候変動と環境危機――いま私たちにできること』（以上、河出書房新社）、アンジェラ・サイニー『科学の女性差別とたたかう――脳科学から人類の進化史まで』、『科学の人種主義とたたかう――人種概念の起源から最新のゲノム科学まで』（以上、作品社）などがある。

私たちの生活をガラッと変えた

# 物理学の10の日

2023年 8月 5日　初版第1刷印刷
2023年 8月10日　初版第1刷発行

著　者　ブライアン・クレッグ
訳　者　東郷えりか

発行者　福田隆雄
発行所　株式会社 作品社
〒102-0072 東京都千代田区飯田橋 2-7-4
電　話　03-3262-9753
ＦＡＸ　03-3262-9757
振　替　00160-3-27183
ウエブサイト　https://www.sakuhinsha.com

装　丁　加藤愛子（オフィスキントン）
本文組版　米山雄基
印刷・製本　シナノ印刷株式会社

Printed in Japan
ISBN978-4-86182-991-8　C0042

# ゲノムで 社会の謎を解く

教育・所得格差から人種問題、国家の盛衰まで

ダルトン・コンリー＆ジェイソン・フレッチャー
松浦俊輔 訳

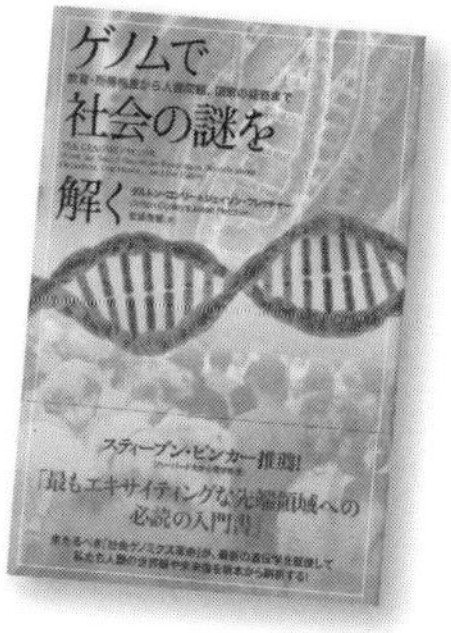


IQは生まれか育ちか、それとも？　禁煙政策はどこまで効果があるのか？　「人種」概念はなぜ間違っているのか？　ゲノム編集の真の射程とは？　遺伝子「格差」時代はやって来るのか？……来たるべき「社会ゲノミクス革命」が、最新の遺伝学を駆使して、私たち人類の世界観や未来像を根本から刷新する！

# 生物模倣

## 自然界に学ぶイノベーションの現場から

**アミーナ・カーン**

松浦俊輔 訳

コウイカの皮膚×迷彩
クジラのひれ×流体力学
シロアリの塚×建築
葉の光合成×脱炭素エネルギー
「生物模倣技術」の研究者たちによる驚きのアイデアから、実現への苦闘、未来のビジョンに至るまで、最前線で徹底取材！

# 生命の〈系統樹〉はからみあう

## ゲノムに刻まれたまったく新しい進化史

**デイヴィッド・クォメン**
的場知之 訳

ダーウィンの想像以上に生命の歴史は複雑だった—地球上のすべての生命のあいだの類縁関係を〈樹〉として描き出そうとした科学者たちの200年にわたる試行錯誤の歴史を、米国を代表するサイエンスライターが語る！生命進化史の衝撃的発見！